第一次
打造花园
就成功

懂花园的人，
都懂生活。

杂木庭院
×
设计全书

[日] 平井孝幸 监修

李 卉 译

中国轻工业出版社

杂木庭院的魅力

　　如果要用一句话来形容杂木庭院里生活，应该就是"如同住在深山老林中"。外面的人可能无法理解这句话的意思，但如果身在杂木庭院中，洁净的空气确实能够沁人心脾，治愈身心。如果在庭院中摆上长椅远眺，深呼吸一下，就能感受到，清凉的草木气息充斥胸膛。

　　我还记得，自己第一次拜访饭田十基老师的宅邸时，感觉他的院子和我曾经见过的所有院子都不一样，就好像忽然迷失在了森林中。当时的那种感觉至今依然记忆犹新：就好像穿越到了别的地方，清新的空气流动在那方空间之中。自那之后，打造具有清爽空气的空间就成了我的人生目标。

　　杂木庭院的魅力就在于让人能够每天呼吸到清爽的空气。世上没有相同的两所庭院，每户人家都有自己的独特庭院。只要用心，就能打造出清新舒适的庭院。希望本书能够为喜爱庭院的朋友提供些许灵感或指引。

平井孝幸

不到10平方米的庭院，比例均衡地种植了杂木与地被植物，营造出山间小居的感觉。

3

两三株杂木就能打造
清凉庭院。

在槭椴树下种上绣球"贝拉安娜"（Annabelle）、毛叶石楠以及"玉龙"麦冬。初夏的阳光从树叶间隙洒下，映衬着白色花朵。

透水石与复古石砖组合，打造出流向露台的潺潺细流。植物选用石菖蒲与麦冬，简约而不失自然。

雅致的茶室庭院，让人感觉不到周围的高楼大厦。四周环绕日本花柏，流水潺潺，幽静而清爽。

杂木庭院需要定期养护，在夏初与冬季对生长速度快的树种进行两次修剪。

与现代住宅也十分搭配的杂木庭院，如同第二客厅。红枫的新枝绿意盎然，从水池中引出的细流则是设计的亮点。

目录

摄　　影 / 弘兼奈津子

插　　画 / 川北文子

照片提供 / arsphoto 企划、福冈将之、泽泉美智子

与铺着乱形砖的西式露台也非常相称的小型现代风格杂木庭院。复古风格的石砖连接着房屋与院墙，水池极具几何形态美。（P22，卯野家的庭院）

巧妙利用窄小空间

第 1 章

没有宽阔的空间，就无法打造杂木庭院吗？

其实，哪怕只有两平方米，也是可以的。

种上两三种杂木和地被植物，不论多小的空间，都能打造舒适的庭院。

在玄关前的狭长空间上铺上垫木，做出变化的地形，种植数种杂木，成为一方小庭院。在垫木上安装复古风格的水龙头，下面再放一只简约的水池，就成为庭院的亮点。（P14，矢口家的庭院）

Q | 停车位能设计成杂木庭院吗？

A | 再狭窄的空间也能用玫瑰装饰成英伦风格的杂木庭院。

木质平台

房屋

房屋

玄关

① ②

③ 玄关

停车场 ⑤

④

道路

N

日本东京都 户木田家的庭院

草苏铁在树荫下沐浴着斑驳的阳光，左侧墙面用亚洲络石做绿化，让人很难想到这里其实是个停车位。❶

有效利用乔木与攀援植物，打造立体效果

很多人觉得，狭窄的空间很难设计成郁郁葱葱的杂木庭院。其实并非如此，如果能有效利用树木的生长方式和形状，便能从视觉上扩大狭窄的空间。

有人说，日本东京都内的房子，如果用室外空间做停车位，就无法建造庭院。我觉得，不要只将停车位当作停车的空间，将其整体规划成一个小庭院就可以了。

为了有效利用狭窄的空间，可以让攀援植物爬上墙面或栅栏，并将攀有植物的墙面也作为庭院的一部分。

此外，要选择树干优美高大的树种，剪掉下面的枝叶，让树冠高耸繁茂。这样，庭院整体看起来就会比实际大一圈。

庭院标志树是绿意盎然的鸡爪槭和种在盆里的文竹。绿色是院子里的主色调，与复古风格的家具交相辉映。❷

 要点　巧用栅栏分割空间

庭院的栅栏上爬着野木瓜和亚洲络石，停车位一面的墙上，钻地风的藤蔓攀援而上，庭院内外侧面采用不同植物，营造出不同空间的层次感。

"冰山"月季

抗病性强，勤花多花，亮绿色的叶片衬托洁白的花朵，非常美丽。枝条富有韧性，也适合装饰栅栏或拱门。

白色木香花（左），亚洲络石（右）

白色木香花，枝有韧性，花多而盛，香气四溢。亚洲络石的花朵为螺旋状，呈柠檬黄色，香甜的味道是其魅力所在。

要点 窗边栽种木香花

盛开白色花朵的木香花依偎在窗前，可以营造出浪漫的环境。木香花几乎没有刺，可种在窗边或通道上，底部栽种玉簪、蔓长春花、常春藤属植物等有斑点或斑纹的叶子，调节气氛。

白色的花可以让只有几小时光照的地方变得明亮

很多人认为杂木庭院是日式风格，但是也可以像图中的庭院那样，利用杂木打造出具有英伦风格的庭院。技巧就在于有效利用斑叶植物和白色或蓝色等色彩明亮的花朵。如果频繁使用多种颜色的花朵，色调不容易统一，很难营造出西式的明快风格。大量使用叶片颜色偏深的植物，则会更像日式风格。所以，即便是同样的植物，也应选择叶片颜色明亮的品种或是斑叶品种，这样可以营造出明快的风格，看起来更接近西式庭院。

在决定植物种类的时候，应打破陈规，重点考虑植物与场景及建筑物是否匹配。日本的植物品种未必就只能打造日式风格，比如，红叶虽然容易让人联想到日式风格，但是与英伦风的建筑也很相配。

 要点 **活用低矮树木与攀缘性植物**

在营造曲线的红砖院墙内侧利用细梗溲疏等低矮树种，搭配星毛珍珠梅和白色的冰山月季等花朵装饰花坛。多角度利用空间。❹

 要点 **选择喜阴的植物**

在受到邻家遮挡导致背阴较多的地方，最好选择背阴处也能开花的玉簪、圣诞玫瑰等植物。白色的花朵可以反射日光，因此应选择在背阴处看起来也十分明快的白色花。❺

 庭院信息

所在地：日本东京都

庭院面积：约 90m²

构成：栅栏、木质平台、砖墙、花坛、露台

主要植物

　高型植物：鸡爪槭、枹栎、野茉莉、鹅耳枥、小叶白蜡树等

　中、矮型植物：蔷薇、山桂花、腺齿越橘、杜鹃花、星毛珍珠梅等

　地被植物：草苏铁、玉簪、凤仙花、圣诞玫瑰等

玄关：红砖露台及围墙

中庭：木质露台、露台

停车场：花坛、水刷石（将装饰沙砾和水泥混合，趁干燥前仅刷洗表面的工艺）。

Q | 如何在3~5平方米的前院做杂木庭院?

A | 就算不到两平方米也可以。只要种上两三棵杂木，哪里都可以成为庭院。

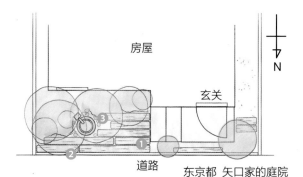

房屋

玄关

N

道路

东京都 矢口家的庭院

临街的时尚住宅前院。葱郁的绿色远远映入眼帘。枹栎、昌化鹅耳枥、日本四照花枝繁叶茂。❶

即使只有1.5m×0.5m的面积，也能种植3株杂木

城市中心的住户经常对庭院的面积有疑问，"这么小的地方也能种树吗？"

有很多人对杂木庭院都有一种刻板印象，那便是需要宽敞的空间才能打造，但是这个观念其实完全是错误的。

看到这里，可能有人会感到不解，其实哪怕是只有1张榻榻米大的庭院，也能种植杂木。甚至，即使面积只有1.5m×0.5m，也能种植3株杂木。我总是说，"两三棵杂木，就能打造出杂木庭院了"，因此，即使是这么狭小的空间，也足够打造杂木庭院了。

所谓杂木庭院，就是用杂木打造的自然风格庭院，因此和空间的大小没有关系。但是，如果在纵深只有50cm的庭院种上大型植株，仅仅是植株的根部就会占满全部空间，所以要注意避免选择大型植株。

推荐植物

柃木

柃木的植株好像"被镰刀割过"一样,是种植在杂木下的辅助型植物代表。其植株常绿,叶片富有光泽,极具魅力。应在夏初和冬季进行剪枝。

草苏铁

这是一种和杂木非常相称的蕨类植物,生命力极强,几乎不需要照料,从春季到秋季都非常漂亮。

 要点 种植一株常青树

只要一株常青树就会提升庭院的整体格调,绿得更加深邃。日本花柏生命力强,无须过多打理,推荐作为调和杂木比例的针叶树种植。❷

 要点 加入简约的水池

日常生活中,玄关外总是需要一个水池,用来洗手、洗脚、洗车、清洁自行车等。加入这样一个简约而不失美感的水池,让用水都成为一种快乐。❸

庭院信息

所在地:日本东京都	
庭院面积:约 15m^2	
构成:木质栅栏、木质平台、垫木台阶、水池、水龙头等	
主要植物	
	高型植物:枹栎、日本四照花、昌化鹅耳枥、日本花柏等
	中、矮型植物:冬青、柃木、八角金盘、亚洲络石等
	地被植物:草苏铁、玉簪、石菖蒲、"玉龙"麦冬等
玄关:垫木露台	
中庭:木质露台	
停车场:花坛、垫木	

Q 杂木庭院里如何打造自然树篱？

A 不论是何种杂木，只要种植得当，都能打造成自然树篱。

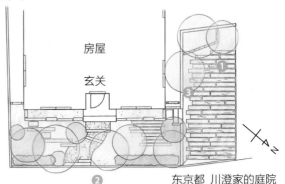

房屋

玄关

N

❶

❸

❷　　　　　东京都 川澄家的庭院

利用几株金橘、柚子等柑橘类和油橄榄等常青树打造成了篱笆。在停车场周围这样种植树木，也能打造绿色庭院。❶

不拘泥于树种，舍弃"篱笆"的概念

为什么树篱只能选择杜鹃花、钝齿冬青、红石楠这类植物呢？

其实不管是什么树种，只要种植和修剪得当，都能成为树篱。

迄今为止我设计过的比较特别的树篱，是用两米高的银杏组成。从夏初到秋季的，树叶的色彩变化有趣而美丽。

将树苗间隔一定距离栽培，进行疏枝使得枝叶能够横向舒展，只要这样操作，绝大部分杂木都能作为树篱。

如果旁边是公寓等大型建筑，雪松、日本柳杉、日本花柏这样的针叶树最适合做遮挡用。

海棠在春季花开似锦，若是用作绿篱，在花期时会非常漂亮。

背阴处则推荐种植青冈、冬青、小叶青冈等。只要是抽芽茂密的树种都可以。

冬青

叶片干爽且带有革的质感，秋季和冬季会结出大量的红色果实。生命力强，耐寒，抽芽茂密。

六道木

从春到秋持续盛开小型花朵。半常青植物，关东以西地区冬季也不落叶。生命力强，易栽培。

要点 用冬青做绿篱

冬青拥有常青的革质叶片与柔韧的枝条，作为绿篱和杂木庭院非常搭调。抽芽茂密却不会过分生长，不需太多照料即可有很好的效果。成熟的果实呈红色，可以作为冬季寂寥庭院的亮点。❷

要点 选择结果的果树

金橘树夏季盛开白色的花朵，花香清爽，叶片上也带有清香。如果种上柿子树、油橄榄树等能够品尝果实的果树，到了收获的季节就能尽情享受了。❸

庭院信息

所在地：日本东京都	
庭院面积：约 75m²	
构成：栅栏、木门、垫木露台、花坛、露台等	
主要植物	
高型植物：加拿大唐棣、枹栎、野茉莉、鹅耳枥、小叶白蜡树等	
中、矮型植物：山葡萄、山桂花、腺齿越橘、杜鹃花、黑莓等	
地被植物：草苏铁、玉簪、凤仙花、圣诞玫瑰等	
玄关：垫木露台与惠那石入口	
中庭：无	
停车场：砖块露台、花坛	

Q 公寓也能拥有杂木庭院吗？

A 任何高度和形式的建筑，都能打造杂木庭院。

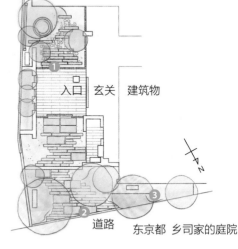

入口　玄关　建筑物

道路　　东京都 乡司家的庭院

公寓的中庭里，枫树与垂丝卫矛舒展着树冠。御影石隔成的边界和小石子铺出地面。先人留下的石灯笼被改造成了水池的底座。❶

依建筑的高度和形状设计栽培树种

杂木树种繁多，只要根据每个庭院的环境和需求，选择合适的树种即可。

高层建筑，就选择枝干较高的落叶树和针叶树，而低层公寓就可以选择树冠较大的落叶树，与周围环境融为一体。为了能让杂木的树冠笼罩建筑物，可以在稍远处种植。

有些人对杂木庭院的印象，可能是"富人喜欢的极具日式风格的自然风庭院"。但其实，在西班牙式的中庭里加入些许杂木元素，也会营造出不一样的风格。

举一个极端点的例子，如果能在高层大楼的前院种上北美红杉也是一种不错的创意。杂木庭院是可以根据建筑物和土地的大小、形状而设计的。

推荐植物

垂丝卫矛

夏初时节枝叶下方会盛开许多淡绿色的小花。夏初的新绿十分美丽，秋季则垂下红色的果实，红叶也很漂亮。

草苏铁

半阴处野生的蕨类植物。其形状似苏铁的叶片一般舒展，因此得名。林床野生植物。

要点 模仿高原林床的地被植物

在地表种植了带状的地被植物来模仿林床上隆起的青苔。仿佛在高原森林中散步一般。将草苏铁、麦冬、一叶兰、山白竹等种植在树下绿荫处。

庭院信息

所在地：日本东京都	
庭院面积：约 84m²	
构成：木质栅栏、铺石入口、花坛、水池等	
主要植物	
高型植物：鸡爪槭、野茉莉、昌化鹅耳枥、加拿大唐棣等	
中、矮型植物：檀香梅、黄素馨、萨摩山梅花、细梗溲疏等	
地被植物：草苏铁、玉簪、红鳞毛蕨、麦冬、山白竹等	
玄关：铺石入口	
中庭：御影石隔成的边界、水池、小石子	
停车场：地下	

要点 让路人也能看到花

在沿路之处种上檀香梅、加拿大唐棣、野茉莉等开花漂亮的杂木。不只是公寓里的住户能看到，途经的路人也能欣赏到四时之花。

Q 狭窄的通道可以做成杂木庭院吗？

A 庭院的形状或宽窄都没有关系，可以种植多种杂木。

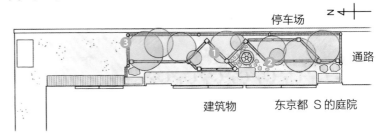

停车场

通路

建筑物　　东京都 S 的庭院

长约8m，宽约2m的细长通道。用石板围砌出阶梯状的花坛，种植上北山杉、缤木等特征鲜明的树种，再点缀一只石灯笼。❶

任何地形都能打造杂木庭院

很多没有好好打理庭院的人都会找原因："我们家没有一块完整的地方"；"我们家地形不好"等。但是，果真如此吗？

与大型玫瑰花园不同的是，杂木庭院可以利用多种元素。喜好向阳的树种，树干高长的树种，树干高长但树冠散开慢的树种，长势柔和占地小的树种等等。从这些杂木中选择适合自己庭院环境的种类组合种植，不论什么样的地形都能够打造杂木庭院。

比如，如果是狭长通道，即使是东向，也能打造出有高低落差的花坛，选用排水性好的石材打造出几个区块。这样打造出张弛有度的栽种空间后，再栽种杂木即可。

如果地形狭窄，可以尝试用木门和树篱等拆分空间，可以达到视觉上增大空间的效果。

推荐植物

缤木

树皮纹路给人一种树干扭曲的视觉印象。即使在狭窄的地方也能突出杂木的存在感。

小绣球花

仔细观察，它的花朵就像线香火花一般纤细可爱。没有花萼的绣球花属植物。

庭院信息

所在地：日本东京都	
庭院面积：约 15m²	
构成：木门、杉皮篱笆、石板花坛、水刷石、石灯笼等	
主要植物	
高型植物：小羽扇槭、枹栎、北山杉、加拿大唐棣等	
中、矮型植物：缤木、山桂花、小绣球花、柃木、百两金等	
杂草：红鳞毛蕨、玉簪、山白竹、麦冬等	
玄关：木门、踏脚石	
中庭：无	
停车场：其他	

要点 **利用石板制造高低落差**

用铺路石石材做成的板材打造阶梯状的花坛，让狭窄的空间在视觉上有变大的错觉，能够种植更多植物数量。❷

要点 **用北山杉来突出高度**

北山杉的下方枝干修剪一次后便会生出许多蘖枝，蘖枝分叉散开，而树干继续笔挺地向上生长。笔直向上生长的姿态非常能够突出高度。❸

Q | 不擅浇水也能打造美丽的杂木庭院吗?

A | 可以和家人一起分担浇水任务,也可以安装浇灌设备。

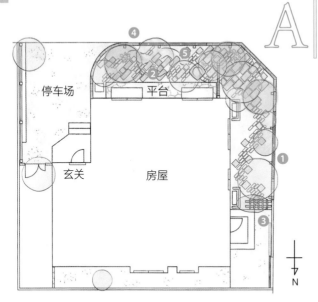

④

⑤

②

停车场

平台

①

玄关

房屋

③

N

东京都 卯野家的庭院

庭院的西侧可以看到日本花柏和柚子树。红砖院墙上搭着木质栅栏,"巨峰"葡萄硕果累累,压弯了枝头。①

浇水是最重要的

拥有杂木庭院之后,首先必须要注意的就是浇水。修剪维护主要是在第2年或第3年后,而浇水则是在庭院建成的当天开始就必须要做的,之后也要一直持续下去。

读到这里,可能有人会觉得有些麻烦,但其实亲自动手之后就能体会到,再也没有比浇水更有趣的花园维护了。因为您会发现,只要一浇水,庭院就马上变得生机勃勃,植物的枝叶变得水润,青苔也更增绿色,庭院一下子就变得更漂亮了。刚开始拥有庭院的人,基本上都会变成浇水作业的奴隶。

通过浇水能够发现庭院的诸多变化。比如今天院子里的第一朵花开了,哪棵树结果了等等,也能够看到庭院里的四季变化,更加理解庭院。

长满青苔的透水石魅力十足。铺设红砖的平台很有特色，夺人眼球。

要点 院墙内外印象大不同

院墙外侧种植有小叶白蜡树、星毛珍珠梅，栅栏上盛开着亚洲络石，内侧则有水缓缓流动。内外印象大不相同。

要点 内院设有木质的拱形藤架

由正面庭院进入内院，红砖铺设的小道画出蜿蜒柔和的曲线，木香花缠绕在木质的拱形藤架上。春天，花架被盛开的花朵所包裹。从后门进入庭院时，这里便是一座花门。❸

推荐植物

星毛珍珠梅

叶片纤细而多齿形叶边，夏初世界盛开繁多的白色穗状花朵。秋季的红叶也十分美丽。

络石

白色花朵散发着甜美的香味，是极具魅力的攀缘性植物。

利用自动浇灌装置，使用水池或流水浇灌

试验过后，如果觉得不喜欢每天浇水，可以尝试与家人分担浇水任务，减少每个人的作业次数。如果一个人负责浇水有困难，或者因为工作和旅行等原因外出，不妨试试拜托家人和朋友代劳。

如果这样也还是不喜欢，要是院中有水池，又喜欢往水池注水的话，不妨试试注满水后向四周洒水。水池注满后，人们会产生想要玩水的欲望，或许心情也会有所改变。

院中有设计流水的话，也能够向四周渗透水分，起到辅助的浇水作用。不想太费工夫又想浇好水，或是长时间不在家，可以尝试安装定时自动灌溉装置。

浇水的基本原则是要让每棵植物的每一条根茎都能够喝饱水，只是表面沾湿一点是不够的。

 要点 让常青树成为亮点

在庭院角落或是关键位置种上针叶树等常青树，到了冬天院子里也能绿意盎然，非常显眼。除了日本柳杉、扁柏、日本花柏、日本铁杉、日本榧树等以外，杂扁柏也非常适合种植。④

 要点 选择喜好潮湿的地被植物

石菖蒲是水边不可或缺的杂草。叶片锐利而美丽，生命力强，几乎不用照料。一旦生根，仅需要在冬季清除一下枯萎的枝叶，不需要其他的维护。⑤

庭院信息

所在地：日本东京都	
庭院面积：约 70m²	
构成：木质栅栏、红砖围墙、透水石平台、水池、藤蔓花架等	
主要植物	
鸡爪槭、枹栎、日本四照花、扁柏、小叶白蜡树等	
中、矮型植物：木香花、柚子、葡萄、星毛珍珠梅等	
地被植物：石菖蒲、常春藤、麦冬等	
玄关：红砖围墙、木质栅栏	
中庭：红砖小道、藤蔓花架	
停车场：水刷石	

Q 不到10平方米的庭院如何变成避暑胜地?

A 只要种植上数株杂木和一些蕨类,就能营造出高原的氛围。

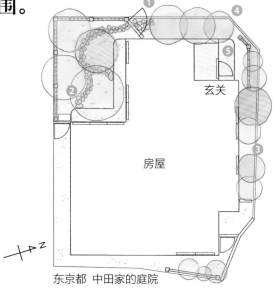

东京都 中田家的庭院

玄关

房屋

打开黑色的木门,清凉的空气扑面而来。进入庭院,仿佛身处幽静森林中。❶

只要有杂木就能拥有避暑胜地

大多数庭院主人在打造好自己的庭院之后,都会表示"夏天不用再出去避暑了","现在都不怎么出门了,在自家院子里度过的时间增多了"等。

杂木庭院其实就是让大自然的山水森林再现于自家的庭院,这样即便足不出户,也会生出一种身处避暑山庄的感觉。

在离建筑物稍远的地方种上枹栎、昌化鹅耳枥等下枝分散的树种,在地面设计山路一般的蜿蜒小路,两侧打造出高低起伏。在牢牢夯实的土地上,只要坚持浇三个月的水,便会生出青苔。穿上胶底短布袜,不断踩实,再种上红鳞毛蕨、耳蕨、草苏铁等蕨类植物。最后再零星种上少许山白竹、麦冬等,杂木庭院就完成了。

要点 用蕨类植物营造山间氛围

在地面种上蕨类植物，就能营造出山间林床的感觉。想要生出青苔，从春天开始，早晚两次给地面浇足水即可。

深绿色的青苔非常美丽，日本山枫等几株杂木营造出野趣。春季可欣赏虾脊兰开花。

粗齿山绣球

非常适合种植在杂木脚下的低矮植物。即使经历梅雨的打击也毫不畏惧，整个漫长夏季都会盛开着清凉的小花。

"玉龙"麦冬与山白竹

"玉龙"麦冬叶片短而细，开淡紫色的小花，花朵朝下，数量繁多。山白竹密集地覆盖在地表。

要点 映衬绿意的焦杉木围墙

外墙设置了一圈焦杉木的围墙，是屋主夫妻亲手安装的。非常符合庭院的风格，将植物映衬得越发美丽，此外也注重了耐用度。❸

环绕建筑物四周的杂木枝干尽显美感

杂木庭院的真谛便是使建筑物如同身处森林之中一样，让杂木环绕整个宅邸。不论建筑物是大是小，都可以选择风格合适、大小适中的树种，不论怎样的建筑都可以拥有杂木庭院。但是，要是想从外部也一目了然的话，小型建筑更能让人一眼看出这是杂木庭院风格。

杂木庭院最美之处就在于树木枝干的样貌与线条感，因此可以适当修剪下方的枝条，让树干更漂亮。

低矮树种应该种植在高大树种之下。因为低矮树种本身不够显眼，在高大树种旁边衬托，更能展现庭院的整体感。

地被植物则推荐蕨类。如果想要开花的植物的话，可以选择山草。既不会生长得过于迅猛杂乱，也不会长得过高，可以适当地安排间隙，张弛有度地种植。

 要点 **在围墙上种植攀缘性植物**

钻地风的叶片柔润饱满，夏初时节会盛开洁白如积雪的小花。在玄关前设置木质栅栏，即使敞开大门，从外面也看不清楚玄关或屋内的情景。如果长势过猛，可在开花后进行疏苗。④

 要点 **功能性信件箱**

信件箱按其包裹的种类分区，是一个极其实用的原创作品。带斑纹的玉簪如果种植在直射日光较强的屋外，叶片会被晒伤，因此要种植在半阴凉处。⑤

 庭院信息

所在地：日本东京都

庭院面积：约27m²

构成：木质栅栏、木门、焦杉木围墙、小路、自行车库等

主要植物

  高型植物：日本山枫、枹栎、红松、鹅耳枥、小叶白蜡树等

  中、矮型植物：萨摩山梅花、山桂花、腺齿越橘、山粗齿绣球等

  杂草：红鳞毛蕨、玉簪、"玉龙"麦冬、虾脊兰等

玄关：水刷石与木质栅栏

中庭：无

停车场：木门、水刷石

Q | 如何打造可以从室内欣赏的杂木内院？

A | 可以打造成四周是玻璃门的中庭，或是从外廊可以看到的前院，让疗养中的人也能欣赏庭院。

可以在玄关门廊处通过采光窗看到的中庭。在窗边放上一张小床，便可从容欣赏庭院了。❶

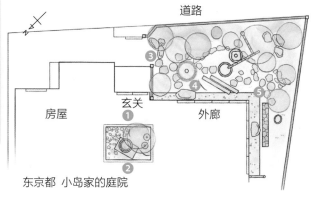

东京都 小岛家的庭院

中庭里的御影石台上，水缸里种着睡莲，可以欣赏到水景。水中还饲养着青鳉鱼。

疗养和看护的人，欣赏庭院都感到心境平和。

每个庭院都应该符合主人家庭的风格。近年来，接受看护的老人越来越多，很多人都住进了养老院，但我觉得，在自己家接受看护可能会更幸福。

如果身体不能活动自如，日常生活很容易变得很单调，而如果拥有一个能够第一时间展现四季变化的杂木庭院，即使是每天躺着看看庭院，心情也会变得平和许多。现在，越来越多的看护人要求打造"能够让疗养中的人躺着也能充分感受到四季变化的庭院"。

需要疗养的人，如果大部分时间是躺着的，为他们打造庭院的话，就要问清楚，他们平常在哪里度过最多的时光，平常在家中的活动线路是怎样的。调整好床和椅子的位置，以便能够从某个位置毫无障碍地观赏庭院。

野茉莉的新芽和白色的花朵魅力十足。在水缸里种上睡莲，躺在床上或坐在椅子上，都能欣赏到庭院。❷

 要点 废物利用旧石磨盘

中庭的四周的窗户大小各不相同，令人印象深刻。植物的布置，从不同的方向看，有不同的感觉。

推荐植物

羽扇槭

作为红叶的近亲，羽扇槭的叶片纹路较浅，如同小孩子的手掌。生长较为缓慢，叶片变红的进程也较慢。

黑墨麦冬

耐阴性强，生命力强，也十分耐干燥，几乎不需要肥料。细长叶片的线条感很漂亮，可以集中种植几株。

体现季节变化，为心增添动力

庭院设计的重点之一就是展现季节变化。山野的景色每天都有变化，杂木庭院也应如此。

然而，只是把季节变化直接搬到庭院中，不能称为一个精致的庭院。我们要做的不是照搬季节变化，而是想办法添加一些亮点，让季节变化显得更美。

例如，冬季为保护青苔而铺上松叶，在保护植物的稻草伞——稻草围席、稻草斗笠上装饰上草珊瑚、朱砂根等的红色小果实，都是能够更显季节之美的小方法。从稻草伞间显露出一点红色的小果实，风雅尽显。感受到这种季节之美后，心情也会变得更加丰富多彩。

疗养中的身体可能无法自如行动，也正因为如此，才更需要感受四季的变化，丰富心境，自然而然，让日常的生活充满动力。

 要点 **冬季的风物
诗——稻草斗笠**

为保护植物不受雪的侵害，
冬季使用的稻草伞一般有
稻草围席和稻草斗笠两种，
可以在上面装饰红色的小
果实或者花朵。照片上的这
种穗尖向下的稻草伞便是
稻草斗笠。要在真正的寒冬
到来前盖在植物上。④

 要点 **用竹子强调
直线**

大多数人可能会认为竹子
只适合日式庭院，但其实
竹子也可以体现出现代感。
慈祥的守路神石像和石子
小路周围，细长的箭竹笔
挺地生长着，展现出一种
开放的美。⑤

 庭院信息

所在地：日本东京都	
庭院面积：约 40m²	
构成：阿弥陀篱、石灯笼、水池、引水筒、守路神、防御桩等	
主要植物	
高型植物：羽扇槭、枹栎、紫薇、鹅耳枥、箭竹等	
中、矮型植物：山茶、山桂花、萨摩山梅花、檀香梅、腺齿越橘等	
地被植物：草苏铁、玉簪、红鳞毛蕨、石菖蒲等	
玄关：水刷石与伊势碎石	
中庭：水池、石磨铺路石	
停车场：无	

Q | 相邻的庭院如何打造成一体式？

A | 在两个庭院中种上类似品种的树，即使设计不同，风格也能协调一致。

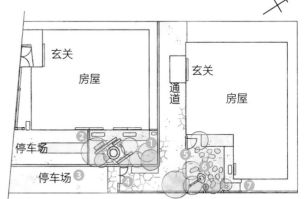

东京都 三井家的庭院与沟口家的庭院

树干纤细的小叶白蜡树、枹栎，以及枝干结实的昌化鹅耳枥，让人仿佛身在林间。照片庭院左侧的庭院是风格不同另一家庭院。❶

日本花柏连接茶室庭院与现代庭院

如果相邻两家的庭院风格迥然不同，要怎样才能保持和谐呢。比如，茶室庭院如果和香草花园、蔷薇花园、山草花园相邻，会变成什么样呢？

在这里为大家介绍一个简单的解决方案：在两家相邻的地方种上类似品种的树。这样的话，即使两家花园风格不同，也会有一个非常自然的衔接。从外面看，甚至会觉得本来就是贯通的同一个花园。

那么类似品种的树又该选择哪种呢？在这里推荐扁柏、日本花柏、杂扁柏等既适合西式也适合东方风格的针叶树。哪怕每家只在相邻的地方种上一棵，也能营造出相当强烈的整体感。

日本花柏和杂扁柏的适应力尤其强，不论在什么环境都能很好地生长，在花园边界种植再适合不过了。

要点 **用篱笆分隔庭院**

外侧的沟口家在篱笆上缠绕铁线莲，并在后方种上日本花柏，里侧的三井家则在通道里面种上了日本花柏，将风格统一起来。❸

从停车场观赏庭院，可以看到石子小路附近的一棵紫薇树，枝干弯曲，极具力量美，非常惹人注目，十分美丽。❷

要点 **在道路点缀当季色彩**

进入三井家的庭院，左侧是自由舒展
枝干的细梗溲疏和带有斑纹的大吴风
草，右侧是灯心草和草苏铁。左右不
对称的植株设计反而贴合了道路的形
状，平衡感恰到好处，实是风雅。❹

要点 **可以举办正式茶会的
茶室庭院**

设计这个庭院时，客人的要求是想要
一个能够举办茶会，鉴茶赏茶的庭院。
这个庭院极具实用性，而通向露天凳
和洗手钵的踏脚石都设计感十足，非
常风雅。三合土地面和鞋架也都采用
了各式高级素材。❺

设计茶室庭院，先学习茶道

茶室庭院是杂木庭院的基础，是庭院设计的基础原理与技巧的集大成所在。茶室庭院可以说是日式庭院
的经典风格了。学习茶道有助于加深对茶室庭院的理解。

茶室庭院是要举办茶会的地方，所以设计庭院的时候，只有自己也懂茶道，才能更周到地考虑到茶会时
的活动路线，设计出更令人满意的庭院。

茶室庭院和杂木庭院一样，讲究的不是空间大小，而是需要根据主人和建筑本身的风格去布置。在接到
设计茶室庭院的委托时，最好问清楚客人的具体需求，比如想要举办怎样的茶会，大概要招待几位客人等。

此外，可以在庭院的一角种上些许能够插在茶室壁龛处的花。从自己的庭院里摘下的当季花朵，更能体
现出主人招待用心，且有雅趣。

 要点 **茶室庭院要限定地被植物种类**

正式的茶室庭院必须要严格选择地被植物的种类，限制在蕨类和麦冬等几种之中。定期给整个院子洒水养护青苔，如 34 页中照片右侧的庭院。**⑥**

 要点 **选择可以用于茶室插花的植物**

精选了金线草、三白草、百两金、杜鹃草等可以用于茶室插花的优美花草。在茶室庭院小路旁静静绽放，同时还有划分区域的作用。**⑦**

 ## 庭院信息

所在地：日本东京都	
庭院面积：约 30m² + 约 15m²	
构成：栅栏、竹围墙、水池、石灯笼、引水筒、铺石、踏脚石	
主要植物	
高型植物：鸡爪槭、枹栎、紫薇、日本花柏、大柄冬青树等	
中、矮型植物：枔木、铁线莲、细梗溲疏、山粗齿绣球等	
杂草：草苏铁、山白竹、红鳞毛蕨、金线草等	
玄关：混凝土地面、围墙	
中庭：无	
停车场：水刷石	

Q 如何设计私密舒适的休息区？

A 为了遮挡路人的视线，设计L形的休息处，可以放心小坐。

玄关

通道

房屋

平台 ④

长椅 ①

⑤

③ ② 东京都 | 家的庭院

日光从叶片中透过，洒在美国贝拉安娜绣球上，营造出美丽的一景。外侧的木质栅栏上也挂着葡萄的藤蔓。①

功能部件要考虑朝向和放置地点

喜爱自家庭院的人，应该都想要在院子里悠闲放松地度过闲暇时光。在院子里放上可供全家人放松小坐的长椅或是花园椅，夏天傍晚便可乘凉，还可以在院中放烟花，一定乐趣无穷。

如果比较注重户外生活或是喜欢享受花园生活，最好在一开始设计庭院时，就保证留出可以在院中休息小坐或是干活的空间，直接放置好长椅等家具。

比如，想要在周末时和全家一起在院子里烧烤，那就应该在院子里设计好长椅、桌子、炉子的位置，这样才比较合理。

要把椅子和桌子固定在某个位置的话，就要考虑好位置和朝向。朝外的话可能会很容易和邻居视线相撞，比较影响心情。选择让人感觉比较舒适的朝向，最有效率的设计是，向着院子内部设计一个L形的空间放置长椅和桌子。

红色的新芽和新绿十分迷人的鹅耳枥与枫树。非常适合现代风住宅。

要点 **用带斑纹的叶片营造明快的一角**

带有斑纹的六道木，花朵小巧可爱，叶片也带有许多明亮的斑纹。会显得庭院整体非常明快又有朝气。

要点 在木质栅栏处牵引葡萄
藤蔓

为了遮挡外部视线，在长椅背面设置了
一个木质栅栏。在篱笆上牵引了葡萄藤，
有柔和视线的效果。葡萄藤既成为一面
绿色的帷幕，到了收获的季节又能品尝
果实，一举两得。❸

推荐植物

木槿

生命力强，也不怕空气污染。开花期从夏
初到秋季，非常漫长。花色丰富，花瓣有
八重，非常华美。

巨峰葡萄

叶片漂亮，果实美
味的攀缘性果树。
巨峰葡萄是在自己
家里也非常容易种
植的葡萄品种，露
天种植即可，无须
多费心思就可收获
许多果实。

种植攀缘性植物，打造绿色帷幕

　　有人问："为什么杂木庭院里还要种植攀缘性植物？"其实，杂木林中的绿色就有攀缘性植物的一份功
劳，所以这是很合理的。

　　考虑到在现代庭院里种植，还是应该选择会开花或者会结果的攀缘性植物，更能为庭院主人带来快
乐。因此，推荐在庭院中种植的攀缘性植物有葡萄、亚洲络石、络石、白木香花等。只要有篱笆或是藤架，
攀缘性植物就能非常有效地起到绿化作用。

　　此外，在夏天光线较强的时候，攀援性植物还能成为一个柔和光线的绿色窗帘。如果种上葡萄等果
树，全家可以一起期待收获果实。

　　攀缘性植物中也不乏香气怡人的种类，选择时不妨考虑一下。亚洲络石和络石的花朵都非常好闻，且开
花期很长。

 要点 **木质长椅与垫木鞋架**

在客厅放置了垫木鞋架，方便从落地窗进入庭院。L形的长椅朝内横向放置，一家人在庭院里小坐，也不会被外人看到。

 要点 **巧用大木箱**

在长椅里侧背面放置一个大木箱，里面种植木槿和杜鹃花等植物。将喜爱的小巧型植物种植在花盆中，可以摆放在任何喜欢的地方。❺

🌿 庭院信息

所在地：日本东京都	
庭院面积：约15m²	
构成：木质栅栏、木质长椅、木质花盆、花坛、三合土 小路等	
主要植物	
高型植物：加拿大唐棣、木槿、野茉莉、鹅耳枥、 小叶白蜡树等	
中、矮型植物：白乳木、六道木、美国贝拉安娜绣球、 山粗齿绣球等	
杂草：麦冬、玉簪、富贵草、圣诞玫瑰等	
玄关：红土三合土质入口	
中庭：无	
停车场：无	

利用攀缘性植物和果树等打造放松空间

日本东京都 原家的庭院

垂丝卫矛的果实红润，熟透绽开，正中央露出了橙色的种子。

　　地处东京都内某主干道路边的原先生的家的庭院，主要由以杂木为主的玄关前通道、木香花篱笆对面的家庭菜园和果树园构成。

　　即使是两种不同类型的庭院相邻，风格也非常自然相融，这便是杂木庭院的特征之一。

　　菜园很小，仅供自家人娱乐，但是从春到夏也能收获土豆、番茄、茄子、青椒等数种蔬菜。果树园则种有蓝莓、柑橘、葡萄等不需花费过多心思的果树。自己亲手种植收获新鲜的蔬菜水果，非常充实快乐。

　　住宅临着杂木庭院的落地窗前，铺有木质平台，平台上有长椅，可以坐在上面欣赏庭院的风景。平台下方设有水池，波光粼粼。光线与杂木的风景反射在水面上，摇曳而梦幻。

　　秋天，平台前鸡爪槭的叶片被染成红色，而对面的加拿大唐棣的叶片则会变成橙色，两者在空中相交，绚烂似锦。据说，原先生家到了秋天都不需要去京都赏红叶，因为在自家窗前看到的红叶更加美丽。坐在长椅上观赏红叶，甚至会让人忘记身处都市，庭院就是一处惬意的休息之所。

种植在庭院和菜园间的蓝莓。春天抽芽开花，夏天到秋天果实成熟，红色的叶片也十分美丽。将开花期相同的其他品种种在附近，更容易结果。

结果后果实越来越大的脐橙，结果范围很大。果实成熟变色，令人期待。

←外侧的篱笆上攀爬着果实硕大而易种植的"巨峰"和"尼亚加拉"葡萄。秋季收获时可供全家品尝，还能赠给邻居。

绣球花在夏初开花，花朵成绣球状。整枝剪下做切花也十分有趣，强烈推荐。

垂丝卫矛在夏初时节会缀满淡绿色的小花。到了秋天，挂满枝头的果实中会结出橙色的种子。

雪球荚蒾花在春季会开出白色球状的花朵。刚开时呈淡绿色，会渐渐变白。

门前的停车场有一面爬满了木香花的木质栅栏，到了春天会开满美丽的花朵。通道两侧被杂木围绕，使人不禁想要一探究竟。木质栅栏的另一边就是菜园和果园。

东侧能够望见荒川的细长庭院。用篱笆和杂木与邻居家的院子隔出了一个柔和的边界，河边的阳光与风注入庭院，即使只有一侧能享受明媚的光线，也足以成为一个极具魅力的庭院。（P56，坂本家的庭院）

第2章

背阴处也能变成 美丽庭院

即使不是明亮通风的地方，也可以打造杂木庭院。杂木庭院本来就是要模仿森林中阳光透过枝叶洒漏下来的场景。因此，即使是背阴处也能打造出美丽的庭院。

城中心的住宅，往往四周都是高层建筑，空间比较逼仄。但是只要用心挑选种植的树种和种植方式，也能保护好隐私，打造出阳光透过枝叶倾洒而下的杂木庭院。（P52，W家的庭院）

Q | 朝北的门口也能打造出 庭院吗？

A | 小庭院效果才好，朝北更适合 杂木庭院。

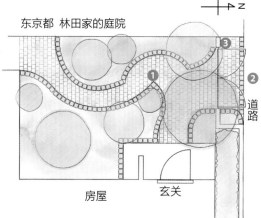

东京都 林田家的庭院

道路

房屋　　　玄关

朝北的细长前院，只有3米宽。大型植株为小叶白蜡树和日本紫茎等。亮点有栎叶绣球、朱砂根和鸡麻等。❶

背阴处方便控制树木生长速度，防止长势过快

说到小庭院，大部分人可能都会觉得只适合种植低矮的植物，但其实，选择一定数量的大型植物更能显得庭院结构张弛有度。

此外，像是枹栎、枫树等生长速度很快的树种，如果种植在背阴处，长势就能得到控制，枝干的线条也会更加柔和，便于维护。

也许很多人会觉得朝北的庭院"特别暗"，但如果将建筑墙面刷白，光线反射后还是可以很明亮的。

如果要种植树参、珊瑚木、八角金盘等耐寒性强的植物，不能种植太多，否则，一堆低矮的植物混杂在一起，庭院会显得非常杂乱，适得其反。

种植适应背阴或半背阴环境的植物，还是要选择已经生长到一定程度的植株，限定数量，种植在关键位置，让它们成为庭院的亮点。

推荐植物

六道木

开粉色或白色小花，健康的状态下春秋两季都会开花。耐寒性强，耐修剪。

朱砂根

生命力强、耐寒、常青、革质叶片。植株低矮但很有型，因此适宜种在路旁或狭窄处。

庭院信息

所在地：日本东京都	
庭院面积：约 15m²	
构成：栅栏、木质露台、砖墙、花坛、露台等	
主要植物	
高型植物：小叶白蜡树、日本紫茎、冬青、髭脉桤叶树、四照花等	
中、矮型植物：栎叶绣球、鸡麻、大花六道木、朱砂根等	
地被植物：常春藤、玉簪、观音草、圣诞玫瑰等	
玄关：小立方石露台、花坛	
中庭：无	
停车场：无	

要点 **活用已有的针叶树**

将围墙边已有的矮鸡柏隔开一定间隔，重新栽种。花上几年时间慢慢修剪成从围栏中透出的形状，造型自然。

要点 **用花坛限制长势**

鸡麻和美国贝拉安娜绣球等植物在半背阴处也能旺盛生长，因此如果种植在狭窄的植物篱笆处，就能限定它们的生长范围，控制长势了。

Q 能否在背阴的沿路种植杂木？

A 只要选好树种，在哪里都能打造杂木庭院。

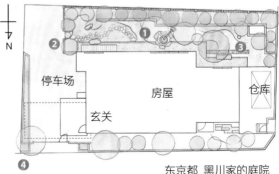

东京都 黑川家的庭院

停车场　房屋　仓库　玄关

南面和邻居家接壤的细长型杂木庭院。从建筑主体到庭院都用深草三合土统一风格，鸟浴盆和引水筒创造出水润的景色。❶

阴暗狭窄的空间也能打造端庄的杂木庭院

"只有一条小路那么狭长的空间，也能造成庭院吗？"

市中心的住宅区或是商业区，区位确实便利，建筑之间的间隙就更为狭窄，往往只能有一条狭窄的空间来打造庭院。

杂木庭院中修剪树木的基本要求，便是剪裁掉下部枝条，修剪成自然纵长的形态，所以无论是狭窄还是细长的地方，都能设计出张弛有度的杂木庭院。

此外，剪裁掉树木下部的枝条，下方的空间就会变大变亮，视觉上增大空间。

再放上一个简约的水池作为亮点，设计感会更强，周围种上一些地被植物，马上就能得到一个高品位的庭院。

从建筑主体延伸出来的平台，无论采用何种材质，例如混凝土地面、水刷石或是三合土，都非常适合杂木庭院。

要点 **曲线柔和的小路**

用大小形状各异的石头组合成雅致的踏石小路，曲线十分柔和。如此极具魅力的小路，引领着人们从庭院入口不觉转入庭院深处。❷

要点 **用花坛制造高低差**

越是狭窄，越要注重空间的利用方式，把握好节奏，拓宽视觉空间。在外侧设置一面花坛，制造高低差，就能让细长的庭院看起来更宽阔和立体。排水效果很好，所以花坛的植物极易养活。❸

庭院信息

所在地：日本东京都	
庭院面积：约150m²	
构成：木质栅栏、深草三合土、花坛、鸟浴盆、石灯笼等	
主要植物	
高型植物：鸡爪槭、枹栎、垂丝卫矛、五针松、小叶白蜡树等	
中、矮型植物：冬青、猴楸树、枟木、亚洲络石、鸡麻等	
底本植物：红鳞毛蕨、玉簪、石菖蒲、山白竹、杜鹃草等	
玄关：木质栅栏、混凝土地面、花坛	
中庭：御影石露台、南部沙砾水刷石	
停车场：花坛、木质栅栏	

要点 **大范围利用空间**

玄关前的加拿大唐棣非常高大，树形优美，清爽的叶片惹人喜爱。在入口处种植一棵高大的树，能使庭院看起来更大。❹

Q 狭长的甬道和高楼间的空隙如何做茶室庭院？

A 用围篱隔出茶室外庭院，在树丛中铺上石板路，有效利用空间。

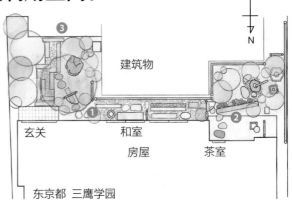

东京都 三鹰学园

在约一米宽的细长小路边，用围篱巧妙地遮挡住了旁边的建筑物。小路摇身一变，成为铺着石板路与碎石子的雅致的茶室庭院。❶

遵循茶室庭院的基本原则，用心思考如何做好区位划分

想要设计好庭院，首先要懂得怎么去玩。庭院设计展现了设计者的素养，茶道和花道是要深刻理解庭院所不可或缺的知识。

特别是茶室庭院，包含着许多杂木庭院的传统技法和要素，是最基础也是最经典的一种。不了解茶道的话，是很难理解茶室庭院的，也就更谈不上设计了。

茶室庭院是用来为茶道服务的，如果了解茶道，即便空间有限也能选择出必需的因素，将其组合在一起从而设计好庭院。细长的外庭院设计了一道门，用围篱柔和地遮挡周围的建筑物。这道小路便充当了茶室的等待室，而高楼大厦间的这一方四平方米大小的空间就是茶室内庭院，再放上一个净手台。用日本花柏和扁柏做绿篱，遮挡周围的高楼大厦，让这一方空间成为一座静寂的茶室庭院。

推荐植物

南天竹

南天竹是一种寓意美好的植物，在日本寓意着"化解难题"。耐寒性强，无须过多照料。从秋季到冬季都结有红色的果实，极具观赏价值。

一叶兰

耐寒性强，也很耐干燥。常青，易种植，几乎不需要浇水施肥，不需过多照料。

要点 **用常青针叶树做绿篱**

在四米见方的院子中分散着种上日本花柏、扁柏等针叶树。这些常青树形成一片绿色帷幕，遮挡住了周围的高楼大厦。❷

要点 **用高大树木遮挡高楼大厦**

用红松、日本山枫等高大的树种来柔和周围高楼大厦带来的压迫感。中间靠左处是院门。❸

庭院信息

所在地：日本东京都	
庭院面积：约25m²	
构成：围篱、石板路、深草三合土、净手台、引水筒	
主要植物	
高型植物：日本山枫、日本花柏、红松、鹅耳枥等	
中、矮型植物：柃木、日本四照花、杜鹃花、南天竹等	
地被植物：一叶兰、玉簪、观音草、红鳞毛蕨等	
玄关：石板路入口	
中庭：石板路、贵人石、连客石	
停车场：混凝土地面	

Q L形的背阴通道如何打造美丽庭院？

A 加入色彩明亮的石头、水池等道具，将平台和长椅打造成亮点。

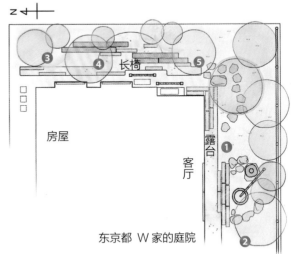

东京都 W 家的庭院

在垫木平台上放上御影石打造的白色水池。水池中放上当季的花枝。引水筒中清流潺潺，泛着粼粼波光，为庭院增添一丝生动。❶

连起两座风格不同的庭院

　　市中心被高楼大厦包围的住宅区，朝南的庭院往往也都很阴暗。想要种上大片蔷薇，打造一座蔷薇花园，从环境来看比较困难。但如果打造杂木庭院，还是能有多种选择的。

　　这是一座由东南两面组成L形花园，东面上午比较明亮，所以种上黄色和白色的花，下午暗下来的时候，花朵的颜色能将庭院整体映衬得明亮起来。

　　南面本该光照比较充足，但是由于旁边的建筑遮挡了阳光，全天都比较阴暗。因此使用了白色石头和水池，增添亮度。

　　狭窄的庭院可以加入同样形状狭长的长椅、点景石或是垫木平台等道具，既时尚好看，又容易放置，不仅能成为庭院的亮点，也有实用价值。

庭院南面，垫木平台让庭院整体
看起来十分明快。❷

要点 **在石缝间种上低矮植物**

阳光透过树木枝叶洒在碎石上，可以在这
些石缝间种上紫金牛、含笑花等可爱的低
矮植物，营造出柔和温暖的自然风景。

 用白色系花朵营造明快感

美国贝拉安娜绣球开花期长，极具观赏价值。白色的花朵让阴暗处看起来更明亮。墙上攀爬着亚洲络石和葡萄藤，柔和了沉闷的混凝土墙面。亚洲络石的黄色小花散发着甜美清爽的香气。❸

推荐植物

草珊瑚

耐寒性强，明亮的绿色叶片十分美丽，植株低矮。夏初开不起眼的黄绿色小花，秋季结红色果实。

金丝桃

金丝桃的开花期从夏初持续到秋季，不断盛开单层的黄色花朵。易种植，一旦生根，后续无须过多照料。

用花与叶的色彩改变庭院的印象

在光照条件不好的地方，最好种植颜色明快的花草。白色或黄色的开花期长的植物，可以长期成为庭院明亮的一角，值得考虑。春季开花的细梗溲疏，夏初开花的美国贝拉安娜绣球、金丝桃、六道木、萨摩山梅花等都非常值得推荐。

攀缘性植物则推荐亚洲络石和钻地风，花美且不需太多照料，叶片也很美丽。特别是钻地风的白色花朵开满墙面和篱笆时，可以让周遭环境也变得明亮起来。

再种上带斑纹的禾叶土麦冬、"白龙"麦冬等叶片清爽的地被植物，连脚下也变得明快起来。玉簪和八角金盘也具有耐寒性，选择带斑纹的品种最好不过。浅绿色或带斑纹的叶片，能够使阴暗的地方看起来更明快。

 要点

用白色花朵照亮树荫

栎叶绣球叶片美丽，样子酷似柞栎，特征鲜明。白色的金字塔状的花朵也极具观赏价值。开花期长，生命力强，花繁叶茂，易种植。在半背阴处也能年年开花。

 要点

黄色的金丝桃花

在健康的情况下，金丝桃的开花期可以从夏初一直持续到秋季。在日本的别名是金丝梅。开花期会不断盛开单层黄色花朵。明亮的黄色小花映衬得树荫处都明快起来。**5**

庭院信息

所在地：日本东京都	
庭院面积：约 75m²	
构成：木质栅栏、垫木平台、水池、引水筒、水刷石平台等	
主要植物	
高型植物：鸡爪槭、枹栎、野茉莉、鹅耳枥、小叶白蜡树等	
中、矮型植物：金丝桃、栎叶绣球、葡萄、杜鹃花等	
地被植物：红鳞毛蕨、玉簪、"白龙"麦冬、禾叶土麦冬等	
玄关：青砖地面、围墙	
中庭：长椅、平台	
停车场：混凝土地面	

Q 只有东侧有采光，也能打造庭院吗？

A 无论光线从哪边照射进来，都能打造出静谧的杂木庭院。

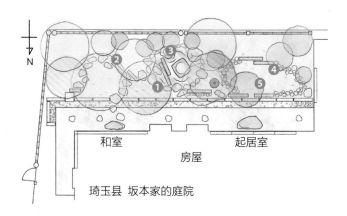

N

和室   起居室

房屋

琦玉县 坂本家的庭院

由于光线从东面照射过来，设计一个朝东的水池效果比较好。清澈的水面反射光线，给庭院增添生机。❶

东边临河，充分利用地形条件

杂木庭院的一大好处就是可以适用于任何条件的庭院。说起杂木庭院，大部分人脑海中浮现出的印象都是郁郁葱葱的树荫。但是杂木庭院并不需要使用哪些特定的树种。可以根据环境和主人的喜好选择合适的树种，根据地形来种植。

比如，南侧由于与邻居家间距太小，采光不好，只有东侧采光比较好，就不要在东侧种植过高的树木，而是种上些低矮的植物做绿篱，利用好采光。

南侧也尽量不要遮挡光线，只做一些柔和的遮挡，种上几株不太高的常青树，确保私密性即可。

水池的放置地点要选择有一些光照的、较为明亮的地方，光线通过水面反射后，庭院感觉更明快。

在庭院东侧的边界处装上稻草篱笆，阳光每天从河边照射过来。

要点 **玄关一侧种上高大植物**

北面的玄关前由于有马路一侧的采光，所以种植了杜鹃等高大的常青树。日本紫茎的红色树干让人印象深刻。

要点 选择树干优美的树种

日本紫茎的树干呈红色，树皮薄，且会自行剥落，适合种植在杂木前或建筑附近。婆罗树也是非常不错的选择，但相较起来树形更大，日本紫茎更易于打理。❸

推荐植物

佛手柑

生命力强，花繁叶茂，从夏初至秋天开花不断。花色也有白色、红色等，但粉色是最为百搭的，适合各种庭院。

柚子

柚子在柑橘类果树中属于非常容易种植的品种，其果实极具实用性，可以用在各种料理中或是用于柚子浴。花朵散发着清爽的香味，美妙动人。

杂木庭院当体现主人风格

有些人把庭院设计交给庭院设计师后，自己完全不管不问，也不去种植其他植物，这样有些浪费。

帮忙保养庭院时，如果我看到院子没有荒废，花草树木也都很健康，就会放下心来。而如果看到庭院里又添了些适合的花草，充满生机活力，我就会非常开心。

庭院是庭院主人日常生活的地方，完全可以种上主人自己喜欢的花草。

香草类植物就非常适合自己种植。这类植物本身繁殖能力比较强，种植在自然风格的杂木庭院半背阴处，只要不忘记浇水，它们就会不断生长。基本不用费心照料是香草类植物的一大优点。

要点

用低矮的篱笆做柔和的遮挡

在和邻居间隔太近的地方围上一圈密实的竹篱，保护私密性。既可以保证适度的通风，又能保护隐私。❹

要点

选择易于种植的香草类植物

适合杂木庭院的植物，除了生长在野外或山上的野草类植物以外，香草类植物也非常值得推荐。照片上最前面这些是佛手柑，后面的红色小花是樱桃鼠尾草。生命力都很强且容易照料。❺

庭院信息

所在地：日本琦玉县
庭院面积：约 75m²
构成：木质栅栏、稻草篱笆、竹篱、石质围墙、水池、三合土等
主要植物
高型植物：日本山枫、枹栎、扁柏、昌化鹅耳枥、日本四照花等
中、矮型植物：木香花、柚子、腺齿越橘、杜鹃花、日本紫茎等
地被植物：红鳞毛蕨、玉簪、金线草、圣诞玫瑰等
玄关：石质围墙与花坛
中庭：无
停车场：花坛、水刷石

Q 邻居的院墙很高，如何打造庭院？

A 用清爽的绿色使阴暗处变得明快。

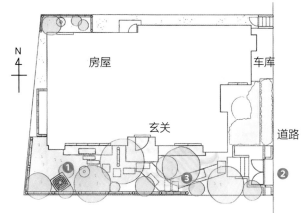

N

房屋 车库

玄关

道路

❶ ❸ ❷

东京都 渡部家的庭院

庭院主人要求将以前院子里的七层石塔在新庭院中保留，由于新院子面积不大，为了减轻沉重感，精心设计了摆放位置。在石塔前种上了日本紫茎和枫树等植物。❶

将弱点化为长处

市中心的住宅由于和旁边建筑物间距小等原因，往往不具备良好的日照条件。

即使是朝南的住宅，可能也会有和邻居家间隔过近，或是影响隐私等情况。这时候就可以打造一面绿色的杂木屏障，合理解决邻里关系问题。

如果围墙或是篱笆有一定的高度，那么要选择比围墙或篱笆更高一些的杂木才比较安全。刚开始种植的时候如果光照条件不是太好，可以适当减少浇水的频率，配合杂木的情况适当照料。

需要注意，光照条件不好，植物的汲水能力就会变差，这时如果浇水和光照良好的情况下一样多，就容易造成腐根或虫害。

如果重新改造时想继续沿用以前庭院使用的石质装饰物，要注意和新庭院的风格统一，位置不能太过显眼。

要点 **在玄关前种植杂木作为亮点**

在正门的两侧设置花坛，张弛有度地种植上枹木和小叶白蜡树。再向里就是庭院了，这里属于进入庭院的路线一部分，营造出一种杂木庭院从此处开始的氛围。❷

推荐植物

欧洲凤尾蕨

欧洲凤尾蕨是一种非常适合种植在杂木下的蕨类杂草，值得推荐。适合种植在任何杂木下面，无须费心管理照料。

蕨类杂草

种植几种小型的蕨类杂草，可以将树荫衬托得更为明快，非常推荐。

庭院信息

所在地：日本东京都	
庭院面积：约 25m²	
构成：木质栅栏、围墙、石板路、花坛、碎石地面等	
主要植物	
高型植物：鸡爪槭、枹栎、日本紫茎、日本花柏、 　小叶白蜡树等	
中、矮型植物：金丝桃、腺齿越橘、树参、猴楸树等	
地被植物：红鳞毛蕨、玉簪、欧洲凤尾蕨、常春藤等	
玄关：花坛	
中庭：杉树皮板墙、小石子	
停车场：花坛	

要点 **选择树干醒目的树种**

在入口显眼处种植上树干醒目的日本紫茎，会让人更想要深入庭院一探。在面前种植上大柄冬青树，营造出深入山林的氛围。❸

安上木质的平台，种植极具山野气息的植物，打造成出一座自然风格的杂木庭院。还可供孩子们爬树、玩水等，融入了日式的自然风景，十分雅致。（P78，H家的庭院）

第3章

改造与重建：
改变用途与氛围

从先人处继承下来的已经修剪成形的黄杨、修剪成球状的松树等，也许已经不适合现在的住宅和生活风格了。让我们来改造这样的庭院吧。通过思考设计杂木的选择、种植方案和其他部件的选择及摆放方案等，为庭院打造新鲜感觉。

庭院中有一口前人留下的井，将井中缓缓流淌的水作为庭院一景。添上一座小小的太鼓桥，作为庭院的亮点。打造出一种既非西式也非日式的新鲜感觉。（P72，田中家的庭院）

Q 传统日式庭院如何营造现代感？

A 用3~6年将树木形状调整自然。

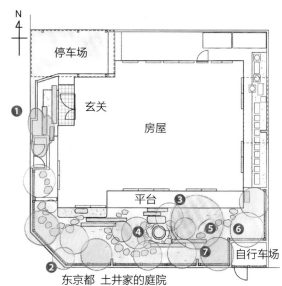

停车场

玄关

房屋

平台

自行车场

东京都 土井家的庭院

这是开始调整树形第二年的罗汉松。枝干和叶片的形态等还保留着一点日式球状剪裁的样子，但枝干前端已经开始慢慢抽枝了。❶

从路边看到的庭院正面。整体被杂木包围的样式是杂木庭院的特征。在庭院外侧种植上日本花柏等常青树，最好不过。❷

枹栎、鸡爪槭、小叶白蜡树等已经开始抽枝，清爽的新绿让人心旷神怡。在水池周围密布着草苏铁、石菖蒲、山白竹、麦冬等地被植物。❸→

改造典型的"日式"风格

将松树、罗汉松等树木修剪成日式球状作为庭院的标志树，种植在显眼的位置，是所谓的"日式庭院"的代表性设计。这种标志树往往选用那种一年只能长4~6厘米、生长缓慢的树种。生长缓慢，就意味着一次能修剪的树枝的量也比较少。因此需要花3~6年时间，逐渐修剪调整。

可以参考122~125页的内容，从夏初到冬季，勤做修剪。对修剪成型的树枝进行疏枝，慢慢调整成原本的自然树形。

绿篱也是一样，在树枝之间进行疏散式的修剪，调整回原本的自然树形，这样就能转变为现代的，具有新鲜感的风格。虽然不规整的绿篱也有一种传统"日式"的感觉，但是自然的树形更适合现代庭院。

水池中漂浮着如火般的红叶,这是只有秋季才能欣赏到的美景。水池边,石菖蒲的细长叶片映衬着水中的红叶,这种色彩的对比尽显秋色。❹

山茶花

生命力强,开花繁茂,花期长,从秋季持续到冬季。绿叶映衬下的八重花瓣的白色花朵十分美丽,也很适合用在绿篱上。

百两金

百两金的枝干上会结满光洁可爱的红色小果实。细长的叶片和奢华的枝干更彰显果实的美丽。

要点 纵情彰显秋色的红枫

在从建筑物中能看到的地方或是道路附近等显眼的地方种上红枫,秋天就能在家中欣赏秋色了。如果想要能够达到一定高度的枫树,推荐鸡爪槭。如果庭院比较狭窄,则推荐小羽扇槭这类不会过度生长的枫树。❺

自然风格的树形更适合现代风杂木庭院

如果想要将"日式庭院"改造成现代杂木庭院,就尽量不要在庭院中加入经典的日式元素,如石灯笼、引水筒等。如果同时添加了这两个元素,马上就会变成一座不适合现代风格的庭院。

大型的瀑布和岩石这种醒目的组合也不适合现代建筑。并不是说这些元素不好,而是建筑和生活风格比较现代的情况下,如果加入了这些纯日式风格的元素,会显得有些不协调。既然生活风格和建筑风格都变了,那么庭院里也应该选用一些更合适的元素。

适合种植在现代风杂木庭院的树种有小叶白蜡树、大柄冬青树、枫树、枹栎、鹅耳枥等,树形也应选择不刻意修剪的自然风树形。山茶花这类可以装点秋冬的花草也不适合做成修剪定型的绿篱,而是作为一处亮点种植,或是小范围地种上几株即可。

要点 将草珊瑚的红色果实作为亮点

在庭院中种植上草珊瑚，到了秋季它便会结出向上生长的红色果实，非常醒目。半背阴处有了红色果实的装点，仿佛亮起了一盏明灯，让周围都显得明快起来。❻

要点 枹栎与枫树交错

鸡爪槭红叶如火，枹栎的黄叶则呈橙色，两种树枝交相辉映。通过复杂的色彩组合，营造具有自然野趣的红叶景象。❼

庭院信息

所在地：日本东京都	
庭院面积：约 70m²	
构成：木质栅栏、水池、三合土、路缘石、停车场等	
主要植物	
高型植物：鸡爪槭、枹栎、加拿大唐棣、鹅耳枥、小叶白蜡树等	
中、矮型植物：山茶花、山桂花、山粗齿绣球、柃木等	
杂草：草苏铁、玉簪、山白竹、石菖蒲等	
玄关：长条石板、水刷石、罗汉松	
中庭：无	
停车场：水刷石、木质栅栏	

Q 如何巧妙利用代代相传的老院子？

A 将有年代感的灯笼分解成特别的零部件，刻画新历史。

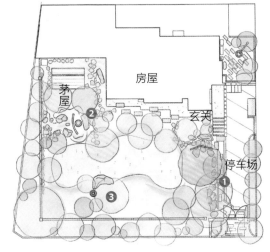

房屋

茅屋

玄关

停车场

① ② ③

将先人留在庭院的石灯笼分解成几个部件，分散装点在入口处的石板路旁。材质、模样与历史感都成为绝妙的亮点。①

东京都 K 家的庭院

具有年代感的日式元素变成了现代风元素

现在有很多委托改造上一代留下的老式和风庭院的项目。屋主在改造建筑的同时，也要改造庭院。在将日式庭院改造成杂木庭院的过程中，最常听到的烦恼就是要怎样处理石灯笼、石像、石塔这样的"日式"风格的石质装饰品。

如果照原样留在庭院中，会和建筑物以及周围的植物格格不入，甚至感觉异样。

在此推荐一种方法：将石灯笼等石质装饰品分解成零散的部件，灵活装饰到石板路和庭院小路的台阶边。石磨这类东西也可以分解成几部分装饰在台阶边，营造出现代时尚的风格。

石头的材质从御影石到大理石等都有，多种多样。用变化丰富的石板打造出只此一家的独特元素，为庭院增添新气象。

朱砂根

与草珊瑚和百两金一样，是秋冬不可或缺的一抹色彩。推荐在半背阴处或道路旁等日照较差的地方种植。

花柚

易种植，易结果，花与叶都香气怡人。只要种上一棵，洗柚子浴、做清汤或是砂锅时都用得上。

要点 枫树类鉴赏

将鸡爪槭、羽扇槭、垂枝枫树、毛果槭等几种枫树类树种组合种植，欣赏它们不同的树形以及叶片染红的不同时期与变化方式。这是只有秋季才能享受的奢华雅趣。②

要点 红果与黄叶的鲜明对比

秋冬的庭院中，朱砂根的红色果实会成为一抹亮点，烘托出庭院的热闹氛围。再配合上附近的檀香梅、猴楸树等叶片会变黄的杂木，朱砂根的红色果实会显得更加醒目。③

🌿 **庭院信息**

所在地：日本东京都
庭院面积：约400m²
构成：凉亭、瀑布、流水、草坪、露台、石板路、花棚等

主要植物

高型植物：日本四照花、小叶白蜡树、加拿大唐棣、昌化鹅耳枥、红松等
中、矮型植物：蔷薇、细梗溲疏、檀香梅、杜鹃花、猴楸树等
地被植物：富贵草、玉簪、珊瑚铃、圣诞玫瑰等

玄关：水刷石
中庭：水池、透水石露台
停车场：花坛、石板路、水刷石

Q | 建筑的入口能否改造成杂木庭院？

A | 公共区域打造杂木庭院，可以提升周围的环境品质。

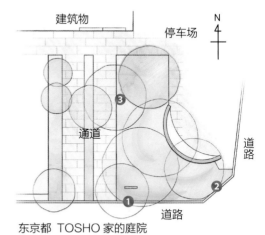

建筑物
停车场
N
③
通道
道路
①
道路
②

东京都 TOSHO 家的庭院

建筑物前的一块模拟杂木林林床建造的开放式花园。零星地种上柃木、细梗溲疏、麻叶绣线菊等低矮植株，用"玉龙"麦冬做地被植物。❶

绿树环绕，清爽怡人

近年来墙面绿化、绿色窗帘等城市绿化方法成了热门话题。比起种植许多攀缘性植物，在城市种植杂木，更能轻松有效地实现大面积绿化。

亚洲络石、野木瓜、攀缘蔷薇等攀缘性植物可以在狭窄的场所和墙面实现立体绿化，非常方便，但是在保护高层建筑不受直射日光困扰方面，会花费大量的管理和照料时间。如果种植上3米高的枹栎，大约3年后就能长到5米左右，足以遮挡直射高楼的日光。这种方式更能有效实现大面积绿化，适度遮挡直射建筑物的阳光，还能在一定程度上减少开空调浪费的能源。

在高楼周围种植杂木，最推荐的莫过于在入口处种植。人们出入都能因树荫而拥有好心情，同时建筑物也能被绿荫环绕。

杜鹃花

春季盛开大朵的鲜艳花朵，色彩丰富。具有一定的耐阴性，在半背阴处也十分易成活。

细梗溲疏

生命力强，开花繁茂，小巧的白色花朵聚生绽放，枝条柔和舒展，适合种植在林中或树下。

要点 **种植高大树种要注意间隔**

角落里种植着树形舒展高大的小叶白蜡树、娑罗树等，树冠宽大，生命力强。在树与树之间留出适度的间隔，这些杂木便会互相竞争，同时又相辅相成地共同生长。❷

要点 **选择适应树荫的植物**

在枹栎、昌化鹅耳枥等树木的树荫下种植杜鹃花、草苏铁等适应半背阴处的植物。高楼周围气温会由于光的反射而较高，需要注意种植的场所。❸

庭院信息

所在地：日本东京都

庭院面积：约140m²

构成：栅栏、木质露台、砖墙、花坛、露台等

主要植物

　高型植物：鸡爪槭、枹栎、野茉莉、昌化鹅耳枥、小叶白蜡树等

　中、矮型植物：细梗溲疏、髭脉桤叶树、腺齿越橘、杜鹃花、麻叶绣线菊等

　杂草：草苏铁、玉簪、麦冬、圣诞玫瑰等

玄关：石板铺设的入口、水刷石

中庭：无

停车场：花坛、水刷石

Q 如何利用年代久远的水井?

A 抽井水造涓涓细流，植物也能更好生长。

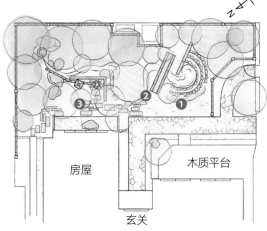

房屋

木质平台

玄关

东京都 田中家的庭院

花坛灵感取自梯田。种上当季花草，营造华丽感。水边与池中种植水芹等亲水植物。❶

活用院内的井作为水源

如果院内有井，又刚好想在院中开垦出一处小溪流，可以活用井水作为水源。

但是要注意，有些井水水质可能易导致生锈变红，或是营养过剩繁殖藻类等。最好检查一下水质，确认是否适合引做溪流水源再做决定。不过，如果是一直就作饮用水使用的井水，水质非常干净澄清，就不需要再专门检查了。

总是任水肆意流淌，有些浪费，用水泵抽水后在必要的时间再放出来，比较合理。但是如果长时间不放水流淌，溪道又会积上垃圾，灰尘的堆积可能会使溪道变浅变堵，再流水时就感受不到那种潺潺的清爽感了。溪道容易堆积落叶和尘土，别忘了不时停下水，清扫一下溪道。

推荐植物

双花木

红叶非常美丽,秋冬开红色小花,别名红金缕梅。圆圆的叶片十分可爱。

月季"达芬奇"

生命力强,易种植,开花繁茂,花朵呈浓郁的粉色。爬墙月季,花茎柔和舒展,适合攀缘在篱笆、拱门处。

庭院信息

所在地:日本东京都	
庭院面积:约 230m²	
构成:木质栅栏、木质露台、石桥、阶梯状花坛、溪流等	

主要植物

高型植物:羽扇槭、枹栎、柳树、日本柳杉、紫薇等

中、矮型植物:蔷薇、吊钟花、长柄双花木、鸡麻等

地被植物:水芹、石菖蒲、仙客来、圣诞玫瑰等

玄关:石板路入口、木质栅栏

中庭:木质栅栏、井、水池、引水筒

停车场:外部

要点 **曲线优美的石桥**

通过较大的高低差营造庭院左边地势更高的错觉,设计了一处活泼的 S 形溪流。在水池附近的下游区域建造了一处太鼓形的石桥,强调地形的变化。

要点 **分隔出日式庭院**

在和室前的一角围上了木质栅栏,隔出一小块风格不同的日式庭院区域。秋季红松的树干与红枫的红叶交相辉映,非常美丽。再布置几块长满青苔的石头,作为庭院的亮点。

Q | 西式庭院如何加入茶室庭院的感觉？

A | 在蜿蜒曲折的石板小路尽头打造一方小小茶室庭院。

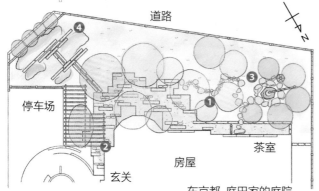

东京都 庭田家的庭院

用大小石板铺设成蜿蜒小路，在庭院深处的一角建造一座茶庭。由于道路的角度问题，庭院深处的空间已被遮挡，即使是建造一块风格不同的院子也不会显得不自然。❶

融合西式庭院与茶室庭院

　　很多人虽然住在西式的房子里，却爱好茶道和花道，想要一个茶室庭院当作茶道和花道的练习场所，却又往往固定思维地认为西式建筑和茶室庭院不搭调而放弃。

　　杂木庭院是在传统的茶室庭院的基础上，加以现代元素后发展而成的一种风格。所以在杂木庭院的一角打造一方茶室庭院的空间，也不会显得突兀。用石块组合铺设一条蜿蜒小路，让蜿蜒的角度大一些，在道路的尽头打造一片茶室庭院，这样这片空间便不会被一眼望到。沿着小路前进，杂木庭院自然过渡到茶室庭院，形成一个杂木庭院深处嵌套着茶室庭院的构造。

　　此外，也可以在杂木庭院中增添一些现代元素。比如在花坛里种上薰衣草等香草类，或是蔷薇、三色堇、菫菜等一年生花草，用垫木区分空间，将花藤牵引到木质藤架上，整体风格就会十分协调了。

 要点 **在树荫下种上绣球花**

在诸如枹栎、日本四照花这样的高大树木下种上山粗齿
绣球、裸菀、紫斑风铃草等喜阴的低矮灌木或是杂草，
就能让树荫处变得明快起来。❷

 要点 **针叶树做绿色屏障**

 想要在角落改变风格时，如果
背景有一些不想让人看到的建
筑物，就可以种些常绿树作为
绿色屏障。针叶树树形高大，
再适合不过了。❸

 庭院信息

所在地：日本东京都	
庭院面积：约300m²	
构成：木质栅栏、藤架、垫木菜园、石灯笼、水池、引水筒等	
主要植物	
高型植物：日本四照花、枹栎、日本柳杉、昌化鹅耳枥、扁柏等	
中、矮型植物：蔷薇、葡萄、檀香梅、山粗齿绣球、长柄双花木等	
地被植物：紫斑风铃草、玉簪、薰衣草、圣诞玫瑰等	
玄关：砖质露台、花坛	
中庭：无	
停车场：花坛、水刷石	

 要点 **种些蔷薇和香草**

在日照充足的地方用垫木隔开一角空间，种上
一些薰衣草等香草。让葡萄和攀缘性蔷薇爬满
木质藤架，地面铺上草坪。❹

如何将庭院打造成避暑胜地？

地面铺上石板，做出水池来降温。

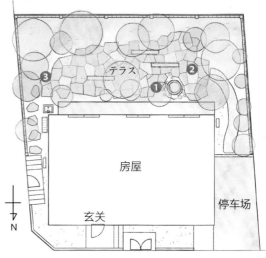

东京都 I 家的庭院

在庭院中央放上一个用一大块整石凿出的水池。在庭院正中设置一处水域，流水会不断渗透向四周，可以预防整个庭院干涸。❶

利用透水石，夏天植物也不易受伤

夏季越来越炎热。杂木庭院如何撑过夏天成为一个重要的问题。特别是刚种上杂木的第一个夏天，如果缺水树木就会受伤损伤，甚至干枯。

对于地面温度较容易升高的内陆地区来说，最好的做法是每天早晚都浇上足够的水。然而不是人人都能做到每天浇水两次。如果用定时的灌溉设施来浇水的话，可以在定时器上设置好水量、次数和时间。

如果要从庭院本身的构造来防范夏季干燥问题，可以铺上石板，或者是在庭院中央放上一个大一些的水池，方便水流向整个庭院。需要注意选择类似透水石的便于透水的多孔质石头。洒上水后蒸发吸热，降低石头周遭的地表温度。如果有水池，每周要蓄满一次水，让水分渗透至周围。

推荐植物

小叶青冈

生命力强，耐干燥。间隔一定距离种植，可以当作遮挡视线的绿篱。革质的叶片极具魅力。

山粗齿绣球

夏初开始整个夏季都会盛开清秀的小花。品种多样，"黑姬"、"七段花"等蓝色的品种比较具有人气。

要点 ## 石板地面

大面积铺上易透水的透水石打造石板地面。洒上水后，石板上水分蒸发，让环境降温。利用这一特性可以帮助缓解夏季高温干燥的问题。❷

庭院信息

所在地：日本东京都
庭院面积：约140m²
构成：木质栅栏、深草小路、水池、石板露台等
主要植物

高型植物：鸡爪械、枹栎、野茉莉、昌化鹅耳枥、小叶青冈等	
中、矮型植物：山桂花、腺齿越橘、杜鹃花、山粗齿绣球等	
杂草：草苏铁、玉簪、麦冬、石菖蒲等	
玄关：露台与门	
中庭：水刷石	
停车场：混凝土地面	

要点 ## 种上耐干燥的杂草

麦冬耐干燥且耐寒，即使是夏季非常酷热的地区也能轻松种植。还可以预防地表干燥。在背阴处生长能力较弱，要注意种植间距需要比向阳处更窄一些。❸

Q | 自然风庭院如何加入儿童空间？

A | 加入沙子、山、水、菜园、攀爬用树等。

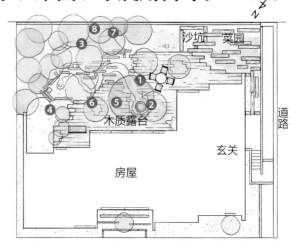

沙坑　菜园

道路

玄关

木质露台

房屋

东京都 H 家的庭院

枫树、枹栎的树干比较光滑，凹凸也不深，非常适合攀爬。木质平台如同客厅地面一般，走在上面十分舒适。旁边还有一处小小的水池。❶

打造可以和孩子一起玩耍的乐园

在小溪和田边玩水，在林里爬树，这些曾经都是孩子们日常的户外游戏，但是随着城市化进程加速，都变得遥不可及。

现在有很多人在打造自家的杂木庭院时，为了陶冶孩子们的情操，会更多地考虑打造出一座能让孩子们接触大自然，感受四季恩惠的庭院。

一些公园为防止猫狗的粪便污染，有时会封闭沙地。所以在自家设一块沙地，让孩子们尽情玩耍，也是个不错的想法。

如果想让孩子们体验爬树的乐趣，就要选择树皮比较平滑且结实的树种。种植的时候稍微有点角度更容易攀爬。

再加上一处可以水池的地方，夏天就可以每天玩水了。造上一方小小的菜园，还可以和孩子们一起播种、浇水、种菜，到了收获时节就能体会自己的劳动成果。

要点 在院中造一座小山

在树林深处用土堆出一座小山，孩子们就可以上下攀爬了。从前这些都是随处可得的乐趣。在院子里造上一座小山，孩子们每天都能在此玩耍。❸

水池中汩汩涌出清水，十分凉爽。这里是庭院的一处水源。到了夏天可以玩水，感受清凉。❷

 要点 **庭院外侧装上篱笆，种上低矮植物**

树林外侧是连接草原与树林之处。如果在杂木庭院的边界处种上在背阴处也能旺盛生长的低矮植物或是攀缘性植物，从外面观赏庭院看起来也会十分自然。

 要点 **树荫下种植绣球花**

高大的树木会投下大片的树荫，种上一些在半背阴处也能盛开的低矮植物，例如绣球花等，视觉效果会非常华丽。美国"贝拉安娜"绣球的开花期很长，十分推荐。❹

 要点 **种些分枝多的树**

在离建筑物稍远的地方种些分枝多的树。到了夏天树荫会挡住房屋，屋里会很凉快。如果选择落叶树，冬天树叶飘落，阳光也能照进室内，屋里会很暖和。

 要点 **在能望见院子的地方放松身心**

在能一览庭院美景之处放上长凳或是花园椅，可以一边吃零食小食，一边与孩子们度过悠闲放松的时光。

打造杂木庭院所不可或缺的枫树，如火的红叶极
具魅力。可以让孩子们体会红叶之美，还可以教
孩子们认识叶片的各种奇特形状。❺

要点 **果实极具魅力的枹栎**

在木质平台的中间，靠近建筑物的地方
种上了枹栎。到了秋天，它的叶片会从
黄色变为褐色，结出许多茶色的果实。
可以和孩子们一起捡橡子，还可以一起
体验用橡子做手工的乐趣。❻

打造可以观赏新绿与红叶，捡橡子玩的庭院

似乎越是富裕的家庭，就越注重守护孩子的生活环境。为了让孩子能感受到四季恩惠，成为内心丰富的
人，希望能够将传统的山野风光搬到自家庭院。

为了增强庭院的季节感，可以种上一些果树，或是在菜园里种上各季的水果蔬菜，品尝收获。在此推荐一
些易种植又能方便体验收获的果树，比如葡萄、柚子、金橘、甜橙等柑橘类，还有蓝莓等。

杂木方面，推荐四季变化分明的树种，比如枫树类、腺齿越橘、猴楸树、大叶钓樟、吊钟花、加拿大唐棣
等。花朵漂亮或是特别的，红叶、果实漂亮的树种都是不错的选择。

最好也种上一棵枹栎、麻栎等橡树类植物。新芽或是树荫都很漂亮，秋天还能期待结橡子。

 要点 **用常青树做背景**

推荐在庭院的重点地区或是边界附近种上几棵常绿树。北美红杉、日本花柏、日本榧树等都值得推荐，只要修剪的时候不出问题，它们叶片的颜色都十分耀眼，做背景墙的效果非常好。❼

 要点 **种上一些黄叶灌木**

种上一些黄素馨、白鹃梅、大叶钓樟、猴楸树等黄叶杂木，可以将红叶或褐色叶片映衬得更加艳丽。红叶自然是必须的，但是如果能再填些黄叶树种，就能瞬间提升华丽感。❽

 庭院信息

所在地：日本东京都	
庭院面积：约 310m²	
构成：木质栅栏、木质露台、菜园、砂地、露台等	
主要植物	
高型植物：鸡爪槭、枹栎、加拿大唐棣、鹅耳枥、小叶白蜡树等	
中、矮型植物：美国"贝拉安娜"绣球、腺齿越橘、鸡麻等	
地被植物：草苏铁、玉簪、石菖蒲、杜鹃草等	
玄关：露台与围墙	
中庭：花坛、水池	
停车场：花坛、水刷石	

Q | 什么样的庭院可以招待更多的朋友？

A | 打造一个从客厅延伸的无边界露台。

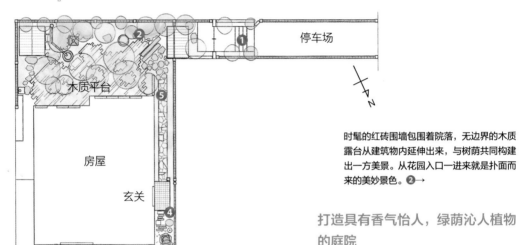

停车场

木质平台

房屋

玄关

东京都 S 家的庭院

时髦的红砖围墙包围着院落，无边界的木质露台从建筑物内延伸出来，与树荫共同构建出一方美景。从花园入口一进来就是扑面而来的美妙景色。❷→

打造具有香气怡人，绿荫沁人植物的庭院

喜爱庭院和植物的人，大多都会喜欢在春季新芽抽枝、新花初放之时，夏初新绿抽条，绿意清爽之季，以及在秋季花草生长、红叶如火的时候招待一些熟悉的亲朋好友，来一场花园派对。

擅长社交和招待的人应该都有很多创意想法。在庭院构造上，可以在庭院入口处种上一些香气怡人的树种。甜橙、柚子、葡萄柚等柑橘类植物不仅花朵具有香味，叶片和果实也会散发清爽的香气，因此十分适合种植在玄关周围。

此外，还可以在入口处随意种植一些当季花朵，展现出新鲜的四季变化感。如果没有花坛或是花丛，也可以在摆上些盆栽。

迎接客人的入口，最好是没有直射日光的凉爽树荫处，能够让客人心情更愉悦。

篱笆上攀爬着亚洲络石，左右两边种着柠檬树，这是一处玄关式花园。"迎宾植物"散发着清爽香气，效果很好。❶

要点 放上一只水缸做亮点，用小溪流
体现高低差

将木质平台的高度调整至与客厅持平，在下方开辟
一处低洼场所，设计一条小溪流，调节整体氛围，
显得张弛有度。漂浮着睡莲的水缸十分惹眼。

能够一边泡澡一边欣赏的林床缩景。由于要配合泡澡时的视线高度，窗外的植物是垫高种植的。❸

推荐植物

绣球花

生命力强，开花茂盛。蓝色的花朵映衬着树荫，十分美丽。在半背阴处也能开花，因此也可以种植在花盆里，作为亮点摆在庭院。

日本鬼灯擎（左）与石菖蒲（右）
种植在水边石缝中的两种植物。一种是叶片形状十分独特美丽的日本鬼灯擎，另一种是叶片细长清爽，极具线条美和清凉感的石菖蒲。

要点
调节花坛的高度

这是上面那张照片展示的浴室外植物景观从侧面看到的样子。设计了一处踏脚石，方便养护植物，在便利性上下了很大功夫。

利用庭院延伸客厅

对于来客络绎不绝的社交型家庭来说，在客厅前建造一处平台或是木质平台，打造具有开放感的空间，就可以把庭院变成客厅的一部分。

施工时要注意的要点就是一定要使客厅和木质平台的高度一致，以及尽量统一地面材质。这样就能让客厅和庭院形成一体。如果客厅地面是木质的，庭院也应选择木质平台。

庭院方面可以在木质平台和露台之间点缀式地种上一些杂木，让庭院与客厅练成一片。建筑物附近应该选择枫树这种四季变化分明的落叶树，这样在房间里就能感受到四季变化了。

此外，还可以在浴室、厨房等场所的窗外打造花坛，设计一处植物景观，在房间里也能随时感受到季节变化，非常有助于放松身心。

 重新设计石灯笼

将以前院子里爱惜多年的石灯笼分解，将底座部分反过来放置，做成一处洗手台。清水从中间部分涌出，极具新意地将它改造成了一个洗手台。❹

 活用攀缘性植物

从入口处持续过来的实用性极强的小通道，木质栅栏上攀爬着葡萄、铁线莲、木香花等攀缘性植物。❺

 庭院信息

所在地：日本东京都
庭院面积：约120m²
构成：木质栅栏、木质露台、红砖围墙、流水、通道等
主要植物
高型植物：鸡爪槭、枹栎、野茉莉、昌化鹅耳枥、日本花柏等
中、矮型植物：木香花、山桂花、垂丝卫矛、绣球花、葡萄等
杂草：日本鬼灯檠、玉簪、石菖蒲、圣诞玫瑰等
玄关：砖质露台、门
中庭：花坛
停车场：混凝土地面

Q | 有流水的庭院如何改造得更雅致?

A | 将河道改窄就能达到很好的效果。

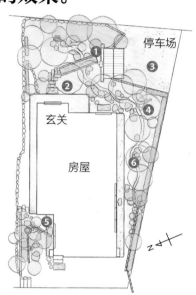

停车场

玄关

房屋

打开木门，横贯庭院的小溪流潺潺流淌，青苔土桥通向庭院深处。周围的树木新绿抽条，清风拂过，沙沙作响。❶

神奈川县 河合家的庭院

"流水"的好坏决定庭院的印象

杂木庭院风格就是将自然风景的一角移至庭院中的一种风格。在庭院中加上一条潺潺流水，既能增加庭院的怀旧感，又非常适合杂木庭院的风雅感觉。

理想的"流水"要点是水流潺潺，水流上游狭窄，周围的小石子凹凸不平。并且水流经过之处，河边是松软的泥土，有长满青苔的石头与花草。这样的流水最适合杂木庭院。

最不适合杂木庭院的流水风景，那一定是有着坚固的护岸工程的人工河下游景象。为了防洪，在河流两岸用石头和混凝土围出坚固的堤岸，一下子就失去了山野自然的情趣。最好还是要避免人工气息过重的不自然的"流水"。

枫树的树干别有一番情趣。流水的两侧种植着山粗齿绣球、鸡麻等在半背阴处也能盛开的低矮植物。❷

要点 用树木包围庭院

虽然庭院整体种植的树木数量不多，但是枫树、枹栎这样的高大杂木枝条舒展，形成了一种庭院和建筑物被包围的感觉。❸

将"水道"改造成"小溪流"

潺潺溪流可以说是日本代表性的风景，也非常适合杂木庭院。我们在这里为您介绍一下打造这样的"小溪流"的方法。

1 首先把之前水道的配套设施都撤掉，从上游处开始重新摆放石头。埋起石头，只留一部分露出地面。

2 在下游也铺设好石头，挖出一条是完成状态三倍宽的河道，围上木板。

3 在木板围好的河道上均匀地铺上碎石，有大石头突出的不规则的地方，也用木板围好。

4 在河道中央打上木桩统一高度，灌上混凝土，等混凝土凝固后将木桩取下。

> **要点** **将山粗齿绣球种植在树荫下**
>
> 将山粗齿绣球等喜好树荫的低矮植物种植在枹栎、昌化鹅耳枥等高大树木的脚下或是绿篱脚下，既能避免晒伤也不会缺水，能够生长得非常好。

5 在混凝土中混上小石子，让水流的边缘看起来比较自然。打造一条细小的溪流。

6 种些大型植物。连带着花盆一起种下去，种植时尽量将坑挖得大一些。

> **要点** **在流水附近种上蕨类杂草**
>
> 在水流或是水池边种上蕨类、石菖蒲等喜湿的杂草，可以省去浇水的工序，无须过多照料。将植物种植在合适的环境下这一点非常重要。❹

7 在水流周围种上石菖蒲、蕨类等喜好水边的杂草。

8 种植好所有的植物后放水测试，看水流是否能缓缓流淌。

紫斑风铃草

半背阴处也能盛开，生命力强，易种植。
由于是靠地下茎繁殖，有时会在意想不到
的地方盛开处一朵花来，别有一番风味。

山粗齿绣球

最适合种植在湿度大的半背阴处。初夏时
节盛开，花期也很长。想要调整成锦簇的
花形就要在开花后马上修剪。

 日式风情稍淡的水池

对于改造成现代风格的建筑物和新住宅，
纯日式的配件就不太适合了。这里采用了
一个铁钵形状的水池，从家中眺望庭院，
风格也和谐。一旁的石灯笼的设计风格也
十分简约。❺

活用涌泉作为水源

几乎每一位喜爱杂木庭院的人，都希望在庭院里有一处自然的潺潺流水。

想要庭院里有一处流水，首先需要考虑水源从何而来。

如果确定不是每天都需要有水流，对于水道较短或比较狭窄的地方，可以考虑使用自来水。在家人团聚时或是休息日，每周一次定期放水欣赏即可。

但是如果想要在水中养上一些青鳉鱼、田螺等生物的话，就不能使用自来水了。可以储存好雨水后用泵抽取，不过这样就需要比较大的储水罐。

如果庭院临山或是在山谷中，周围有涌泉等水源的话，也可以考虑利用这些活水。不要仅仅局限于自来水，发散思维，灵活思考周围有没有可以利用的水源。没有经过氯消毒的水源，自然而然会吸引到蜻蜓、青蛙等动物，就连小鸟也会来饮水。

 将涌泉引流至庭院

将山间的涌泉用竹筒引流至庭院作为水源。沿着绿篱设置了简约的竹制水道，作为庭院流水的起点。❻

 利用庭院或山野间的花朵插花

在复古的家具上方随意插上一些院子中或山野间的花朵，在家中也可愉快观赏。在花瓶中插上一枝在住宅周围找到的日本薯蓣，再配上一朵可爱的天城甘茶。

庭院信息

所在地：日本神奈川县	
庭院面积：约230m²	
构成：绿篱、土桥、流水、石灯笼、三合土、稻草篱笆等	

主要植物

高型植物：鸡爪槭、枹栎、梅树、昌化鹅耳枥、日本柳杉等	
中、矮型植物：山粗齿绣球、山桂花、髭脉桤叶树、鸡麻等	
地被植物：耳蕨、玉簪、春兰、石菖蒲等	

玄关：三合土、土桥、铺路石	
中庭：稻草篱笆、石灯笼、引水筒、水池	
停车场：沙砾	

从客厅延伸出来的木质露台成为杂木庭院中的一处休息场所。当中种植水胡桃，果实坠落在木台上，发出清脆的声音，宣告着秋天的到来。（P106，H家的庭院）

第**4**章

庭院四季的风物诗

春季的新芽与开花，初夏的新绿抽条，秋季的红叶与成熟的果实，杂木庭院四时皆有好风光。

在院中种上体现当季风情的植物，每天都让人想要移步庭院。

鸡爪槭的叶片在秋季会从绿色逐渐过渡到黄色、橙色，直至深红色。在客厅或玄关外等从家中就能看到的地方种植上鸡爪槭，日常生活中就能充分感受到四季的恩惠。（P100，船桥家的庭院）

Q 哪些树种的红叶比较美？

 A 不仅是枫树的红叶，猴楸树的黄色叶片与
小叶白蜡树的褐色叶片也魅力十足。

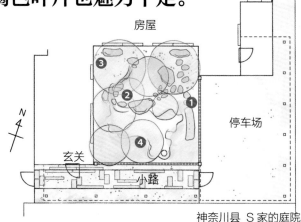

房屋

③ ② ①

停车场

玄关 ④

小路

神奈川县 S 家的庭院

打开木门，层林尽染的庭院映入眼帘。几块大
型岩石随意地摆放在院中，如同来到了河流的
上游地区。①

黄色与橙色的叶片衬托红叶之美

提到红叶，可能大多数人都只会想到枫树的那种红色的叶片，但是请再仔细回想一下层林尽染的景色。我们之所以会觉得红叶美，其实是因为有周围黄色、橙色叶片的衬托，相信您也意识到了这一点。

织锦也是如此，仅仅是红色一种色彩是不够的，要交织各种颜色，形成复杂的层次对比才更美。

同样是红色，也有各种不同的类别，比如白乳木、卫矛、毛果槭、腺齿越橘等树种的红叶，其色彩与风味各不相同。卫矛的红叶是带些透明感的红，腺齿越橘则是掺杂着一些橙与紫的明亮红色。

猴楸树和金缕梅的黄也则是耀眼的金黄色，山胡椒和娑罗树则是一种近乎橙色的黄，小叶白蜡树则是接近橙色的褐色，这些色彩组合在一起，会衬托出更具层次的红叶之美。

要点 在岩石之间种上蕨类植物与
石菖蒲

在烘托溪流氛围的大块岩石间种上小型的蕨类植物
与石菖蒲，模仿自然的山野景色。

山间急湍的溪流流淌而
下，下游是水流冲击出
的平坦河滩，这样宏大
的景色浓缩在了一方小
小庭院中。❷

推荐植物

百两金

百两金的叶片如同展翅的小鸟一般，十分可爱，常绿植物，耐阴性也不错。秋冬会结红色果实，为庭院增添亮点。

吊钟花

吊钟花的花朵酷似春季开花的铃兰，呈铃铛状，十分可爱，到了秋季，其红叶如燃烧的烈火，魅力四射。不推荐修剪，吊钟花本身的树型极具观赏性。

要点 高矮树种巧妙组合

枫树等高大树木会投下大片树荫，配合着山桂花、齿叶溲疏等喜好半背阴处的低矮树种，就能模拟出山野间的自然景色。在杂木脚下种上蕨类植物，可以营造出更加静谧的气氛。❸

常青树与杂草也能衬托红叶

能够衬托日本红叶之美的另一大要素便是常青树的浓郁的绿色。在红色、黄色、橙色后配以浓郁的绿色，似锦的红叶看起来便更加色彩鲜艳，美丽耀眼。

西方的红叶，例如加拿大的枫树，大多都是同一品种的树木形成一片红叶景色，但是日本的红叶确实一片区域里混杂着各种各样的树种，不同的色彩交织，形成复杂的层次，更衬托出红叶之美。

杂木庭院中也应加入这点要素。在主景观的红叶树种后种上几株常青树作为背景墙。这样到了秋季，浓郁的绿色就能衬托落叶树的红叶了。

杂草也能衬托出秋季之美。山野间树木下方都会生长着喜阴的杂草，如果在庭院的树木下种上蕨类等林床常生长的杂草，庭院的景色便会更加贴近自然，别具风情。

庭院主人的愿望是"让孩子感受到日本的原生态风景",特意设置了不太好走的石头,再现山野风情。❹

推荐植物

▲连香树

生长速度快,树冠宽大,树形舒展。秋季叶片会变成明亮色黄色,散发出牛奶糖一般的香味。

◀白乳木

白乳木的外观十分显眼,从远处便能一眼望到。其名来源于纤细的白色枝干。枝干与如火的红叶的鲜明对比是其看点。

庭院信息

所在地:日本神奈川县

庭院面积:约 60m²

构成:回廊、板壁、三合土、流水、池塘等

主要植物

　　高型植物:日本柳杉、小羽扇槭、枹栎、日本山枫、昌化鹅耳枥等

　　中、矮型植物:山桂花、腺齿越橘、吊钟花、百两金等

　　地被植物:草苏铁、玉簪、一叶兰、石菖蒲等

玄关:水刷石与板壁

中庭:木质平台

停车场:花坛、水刷石

Q 哪些树种开花漂亮？

A 野茉莉、垂丝卫矛、齿叶溲疏类的树种花朵繁茂，非常美丽。

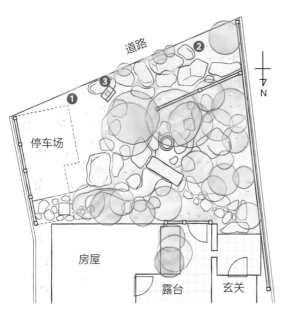

东京都 船桥家的庭院

图中标注：道路、②、③、①、N、停车场、房屋、露台、玄关

推荐原生的生命力强开花繁茂的树种

　　杂木之中也有一些开花漂亮或繁茂的树种。在庭院中种上开花漂亮的树种，待到树木开花期会令人心情愉悦，每年都会翘首以盼花期。

　　国内原生的一些杂木中就有生命力强易种植，开花漂亮的树种，推荐您选择这样的品种。

　　春天里首先开花的腊梅、山茱萸、大果山胡椒等树种会盛开许多可爱的黄色花朵，在尚未迎来繁花满园的早春时节，可以为庭院增添丰富的色彩。

　　白鹃梅、野茉莉、细梗溲疏等齿叶溲疏类树种和紫茎的花朵也楚楚动人，是种植在庭院中便能获得所有人喜爱的开花树种。

　　夏初时节开花的小叶白蜡树，其白色穗状的花朵美丽动人，令人难以割舍。这些树种不论种在什么庭院里，都能营造自然调和的美感。

　　外来树种方面，山月桂、加拿大唐棣、含笑花等树种的开花也十分漂亮。

 要点 **利用带斑纹的叶片打造变化**

八丈木五倍子的叶片带有纹路清晰的亮黄色斑纹，十分华美，极具魅力。种在叶片为绿色的杂木之前，或是枹栎等高大树种脚下，可以成为一处亮点，打造变化。

 要点 **花似繁星的野茉莉**

初夏时节野茉莉盛开的成片白色小花，如同天降繁星一般美丽。花朵数量繁多，似要将枝头淹没，美丽不可方物。野茉莉的生长速度很快，可以直接剪下装饰房间。

 要点 **在显眼之处种上白乳木**

白乳木的树干光滑白净，种在其他杂木前会非常美观。在庭院入口等显眼之处种上白乳木的话，可以作为庭院的亮点，便于凸显其树干之美丽。❶

推荐植物

含笑花

叶片常绿，有光泽，质感似皮革。甜美的香气极具魅力，品种多样，例如"波特酒"品种是时尚浓郁的红酒色。

垂丝卫矛

初夏时节，垂丝卫矛的枝头会垂下许多淡绿色的小巧花朵。到了秋季，红色果实绽开，橙色的花种会从中探出头来。

要点 聚焦黄素馨

黄素馨是一种生命力强、易种植的低矮灌木。初夏直至整个夏季，酷似茉莉的黄色小花都会开满黄素馨的枝头。将黄素馨种植在了院前一侧，开花时可以让庭院瞬间明亮起来。气候温暖之处冬天也不会落叶。

用开花植物装点开放式门墙

面朝车流量大的道路的庭院，可以在院前种上一些开花植物，这样仅仅是路过也能欣赏到应季植物开花了。

在木栅栏前种上黄素馨、八丈木五倍子、萨摩山梅花、细梗溲疏等在各个季节绽放楚楚动人花朵的树种，可以实现从春季到夏季不间断赏花。

此外，到了春季，庭院中央的菊枝垂樱将会开满枝头，一家人每天都能赏樱，非常华美。初夏时节，野茉莉、山桂花、日本紫茎的白色花朵与白乳木的穗状白花都十分动人，别具风情。

到了秋季，冬青、浙皖荚蒾等植物的红色果实又会成为庭院的亮点。

白茅、石菖蒲、玉簪等植物又将在水边衬托庭院流水之美。夏季的麝香百合，秋季的芒草也会混入其中，更衬托出四季变化之美。

野茉莉

初夏时节垂下星星
形状的白色花朵，
花团锦簇，极具人
气。也有开淡粉色
花朵的园艺品种。

日本山枫

枝叶前端也呈明亮的黄绿色，极具清新之美。特别是初夏
时节的树荫更是清爽非常。秋季叶片会由黄转橙，再逐渐
转为深红色。

庭院信息

所在地：日本东京都	
庭院面积：约 90m²	
构成：木栅栏、水池、石桥、流水、露台等	
主要植物	
高型植物：日本山枫、枹栎、野茉莉、红松、菊枝垂樱等	
中、矮型植物：山桂花、含笑花、黄素馨、枹木等	
地被植物：白茅、玉簪、麝香百合、石菖蒲等	
玄关：门廊与木栅栏	
中庭：露台	
停车场：木质车库、水刷石	

红松明亮的赤褐色树干使得杂木庭院更显现代气息。手工
打造的信箱脚下种植着枹木。❸

Q | 哪些树种四季变化比较美？

A | 推荐枫树、枹栎、蓝莓。

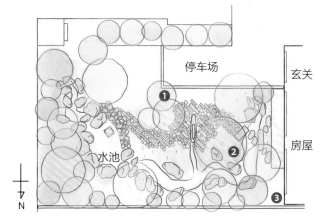

停车场

玄关

房屋

水池

①

②

③

N

东京都 铃木家的庭院

庭院主人亲自打造的庭院流水，采用了日本神奈川县真鹤地区出产的根府川石，铺路石则组合使用了透水石和惠那石。庭院中枫树与四照花的红叶交相辉映。①

有很多富有四季变化之美的杂木

很多人都不知道，杂木中的代表树种枹栎的新芽是带有一点银色的柔软绿色，新芽随风轻柔摇摆的样子娇嫩欲滴，令人心醉。

初夏时节，清爽的新绿带给夏季清凉的绿荫，而到了秋季，叶片则开始变成带点橙的明亮褐色，也非常美丽。枹栎的褐色将枫树的红叶衬托得更加美丽。衬托出庭院四季变化之美的正是枹栎、昌化鹅耳枥、鹅耳枥这样的代表性树种。

此外，展现季节之美的主角还有枫树、腺齿越橘、吊钟花、卫矛等红叶树种及结红色、橙色果实的树种，这些是必不可少的。

其实果树从开花到结果的过程也能展现季节变化之美。在这里推荐葡萄、柑橘类和蓝莓等。

蓝莓春季生出新芽与白色的铃铛状花朵，夏季结出微酸的果实，秋季叶片染成深红色，一年四季都极具观赏价值。生命力强以及易于种植这点也极具魅力。❷

推荐植物

枫树

虽然初夏的新绿与夏季的凉爽绿荫也颇具魅力，但是最让人喜爱的还是秋季它那如火的美丽红叶。推荐种植在玄关前。

鹅耳枥

春季抽芽时节，新芽的根部与枝头前端都会染红，极具观赏价值。初夏时节叶片转绿，秋季则转为橙色的红叶。

庭院信息

所在地：日本东京都	
庭院面积：约550m²	
构成：池塘、瀑布、流水、水池、露台等	
主要植物	
高型植物：枫树、枪栎、日本四照花、红松、紫薇等	
中、矮型植物：蓝莓、冬青、马醉木、山月桂等	
地被植物：红鳞毛蕨、玉簪、麦冬、圣诞玫瑰等	
玄关：水刷石与花坛	
中庭：结缕草草坪	
停车场：车棚、水刷石	

餐厅前一弯浅而宽的流水，景色悠然。枫叶开始染红，诉说着秋季的到来。❸

Q | 有什么可以观赏果实的树种推荐吗?

A | 水胡桃、冬青、荚蒾、水榆花楸等树种的果实都极具观赏价值。

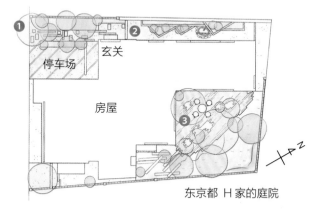

停车场 玄关

房屋

东京都 H 家的庭院

←通道处,红松的赤褐色树干让人印象深刻。扁柏、日本榧树作为背景衬托得枫树的新绿显得更加水润清爽。❶

←中庭的花坛极具几何美,种植着箭竹、一叶兰等时尚感十足的植物。水池处种植了石菖蒲、蕨类植物等。❷

形状色彩大小各异的结果类杂木

杂木的果实形状、色彩都不尽相同,很多都极具观赏价值。富有野趣,非常可爱。

到了秋季,水胡桃成熟的果实会坠落,如果种在木质露台边上,就可以通过果实坠落的声音感受季节变化了。

在这里向您推荐水榆花楸、膝曲冬青和宜昌荚蒾,特别是水榆花楸,最近人气很高。接近驼色的橙色果实成小豆状,成串地挂在枝头,在黄叶的衬托下显得非常可爱,让人喜爱赞叹。

膝曲冬青的红色果实酷似毛樱桃,成串的果实从枝头垂下,十分可爱。白棠子树的亮紫色果实,荚蒾的朱红色的胸针状的果实,园艺品种丰富的山楸梅都非常具有观赏价值。腺齿越橘的黑色果实酷似耳钉,与火红的红叶形成鲜明对比,非常值得在庭院中种植观赏。

铺设与客厅同高的木质露台，使庭院成为客厅的一部分。在露台中央种上水胡桃，果实掉落的声音尤其动听。❸

水榆花楸

黄色的叶片衬托着接近驼色的橙色果实，非常可爱，作为茶室插花也很合适。

毛叶石楠

毛叶石楠的果实呈红色，形状较大，高度大约和视线平行，可以作为秋季庭院的亮点。华美的枝叶也更衬托果实的美丽。

荚蒾

果实的颜色和锦簇的形状，都美丽可爱到让人想直接摘下一支别在胸前。

庭院信息

所在地：日本东京都	
庭院面积：约 120m²	
构成：木质栅栏、木质露台、木质花坛、垫木菜园等	
主要植物	
高型植物：鸡爪槭、枹栎、水胡桃、菊枝垂樱、日本四照花等	
中、矮型植物：山桂花、蓝莓、南美稔、葡萄等	
地被植物：草苏铁、禾叶土麦冬、一叶兰、"玉龙"麦冬、结缕草等	
玄关：水刷石与铺石通道	
中庭：木质花坛、水池、小卵石	
停车场：花坛、水刷石	

Q | 哪些树的赏花期比较长？

A | 美国"贝拉安娜"绣球的花期长达2个月。

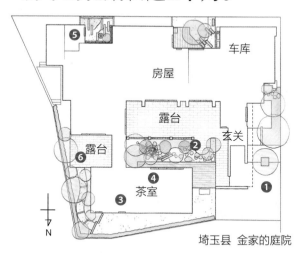

车库

房屋

露台

玄关

露台

茶室

N

埼玉县 金家的庭院

玄关前的小叶白蜡树、枫树等的新绿色彩清爽，景色宜人。树下种植草苏铁、柃木、细梗溲疏等植物，风格清爽简约。❶

绣球花、木槿、山茶花的花期较长

初夏时节受到梅雨的影响，一般植物的开花期都不会太长，但是美国"贝拉安娜"绣球的开花期很长，从开花到凋谢大约能够观赏2个月。起初是绿色的花苞渐渐绽放，带有一点黄绿色，渐渐地花瓣变白，最后开成手球状的大朵花。虽然花朵也会渐渐褪色，但直到入秋时分也可供欣赏。

木槿的花期能够持续整个夏季。但是木槿的生长速度非常快，枝干呈直线生长，少了些风情，不太推荐。在向阳处的腐殖土中，木槿会生长得非常茂盛，所以如果想要在庭院中种植木槿，推荐种在半背阴处，比较容易控制长势。但是种植在背阴处会导致开花的数量减少。推荐选择花朵为白色或淡色的品种。

秋季开花期较长的要数山茶花了，花期可以持续到冬季。一重和八重花瓣都很好看，推荐白色和粉色的品种。

一株北山杉可以生出3~5支树干，其树干高直笔挺，适合种在想要遮挡高处的地方。❷

要点 用栅栏改变空间

露台一侧的栅栏上攀爬着白色木香花，和室一侧则用北山杉作为背景墙，用以遮挡后方的公寓。

茶室外摆放着引水筒与接水的水池，枫树、枰木等更添野趣。黑墨麦冬、麦冬、红鳞毛蕨等杂草也修剪成了时尚的日式风格。❹

 要点 用常青树装点中庭

种植有日本花柏、山桂花、枰木等常青树，风格简约的一处浴室外的中庭。为了在泡澡的时候可以欣赏到美丽的杂木，修剪了杂木下方的枝叶，调整了枝叶的高度。❺

要点 在窗边种上清爽的箭竹

在窗边能在屋内看到的地方种上一株箭竹，营造出凉快清爽的和室氛围。哪怕从外面看仅仅只有一株，在屋内观赏到的效果也足够好了。这样还可以保护房间内的隐私。❸

推荐植物

美国"贝拉安娜"绣球

不畏惧梅雨季节，开白色花朵，花期十分长。依靠地下茎繁殖，如果种植在日照良好的地方可能会生长得过于茂盛。

山粗齿绣球

花色多为水润的蓝色，花朵楚楚动人，极具野趣。种植在枹栎等树木脚下非常漂亮。

庭院信息

所在地：日本琦玉县	
庭院面积：约140m²	
构成：木质栅栏、露台、小路、露台等	
主要植物	
高型植物：鸡爪槭、枹栎、日本柳杉、昌化鹅耳枥、小叶白蜡树等	
中、矮型植物：木香花、山桂花、美国绣球、山粗齿绣球等	
地被植物：红鳞毛蕨、玉簪、禾叶土麦冬、一叶兰、麦冬等	
玄关：水刷石、花坛	
中庭：木质露台、露台	
停车场：水刷石	

要点 利用视觉错觉营造深邃感

轻微蜿蜒的小路，越向深处路宽越窄，让人产生一种比实际距离更远的错觉，利用这种视觉效果营造深邃感。在小路两旁重复种上白色花朵，进一步加强效果。❻

Q 哪些蔷薇科植物和杂木比较般配?

A 推荐木香花、金樱子花、"冰山"月季。

木质露台

❷

❸

❶

玄关   房屋

N

玄关门廊旁的木质绿色背景墙，爬满了白色木香花。木香花几乎无刺，也很适合种植在道路旁边。香味清甜优雅。❶

东京都 矢岛家的庭院

白色的蔷薇最适宜杂木

虽说只要选对了种植方法，什么样的蔷薇都可以种植在杂木庭院里，但是若要说最适宜种植在杂木中间的蔷薇的话，一定就是洁白优雅的白色系蔷薇了。

特别是要种植在道路附近或是狭小庭院的话，强烈推荐藤蔓柔软，适合攀爬在任何依附物上且几乎无刺的木香花。

木香花多为八重花瓣的品种，有黄色与白色。黄色品种无香味，而白色品种香味清甜柔和。如果要在二者间选其一的话，更推荐百搭的白色品种。

其他值得推荐的还有一重花瓣，花型优雅硕大的金樱子花，以及开成串小花的野蔷薇。但是这两种蔷薇都是花期时一齐绽放，只开一季。

若想要四季开花的园艺品种的蔷薇，推荐冰山月季。生命力强，花型优雅，中等大小，花枝易打理。

 要点 **与红砖十分相配的日本四照花**

为了配合典雅的红砖墙与大门，使得外部能看到的花朵也统一成白色，选取了日本四照花、萨摩山梅花等开白花的杂木。❷

推荐植物

萨摩山梅花
初夏时节会开很多白色圆形花瓣的小花，花形漂亮，散发高雅而浓郁的香味，十分迷人。

白色木香花
春季会盛开满藤的成串的花朵，几乎无刺，非常优雅温柔，香味迷人。花期为一季。

 ## 庭院信息

所在地：日本东京都
庭院面积：约 180m²
构成：木质背景墙、木质露台、砖墙、垫木平台等
主要植物
高型植物：日本四照花、枹栎、野茉莉、昌化鹅耳枥、日本花柏等
中、矮型植物：木香花、冬青、萨摩山梅花、南美梣等
地被植物：葡萄、玉簪、亚洲络石、圣诞玫瑰等
玄关：砖墙与木质背景墙
中庭：无
停车场：无

要点 **将石灯笼改造成桌子**

垫木平台上摆放着一张花园小桌，拆分了上一辈留下来的石灯笼，倒放做成。在花藤架上牵引上葡萄藤，起到遮光效果。❸

Q 如何打造有四时花草的庭院？

A 可以根据环境搭配种植喜爱的植物，一同欣赏。

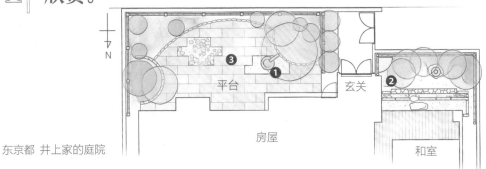

N

平台　　　　　❸　　　❶　　　玄关　　❷

房屋

和室

东京都 井上家的庭院

线条简约时尚的鸟浴盆旁种植着台湾油点草，每年都会盛开一片硕大的花朵，营造秋日景象。❶

以宿根草为主，限制种植种类

　　杂木的树形大多悠然舒展，基本上适合任何风格的庭院。所以不论在树下种植什么样的花草灌木都是可以的。

　　只要清楚植物的性质和适宜种植的环境，不论什么风格的庭院都可以种上几株杂木，再在树下种上一些杂草，就能打造出一座杂木庭院了。

　　但是，比起三色堇这样多彩的一年生园艺植物，紫花堇菜这样的野花或是宿根草更适合杂木庭院。

　　虽然每个人喜好不同，但是最适合杂木庭院的地被植物还是要数玉簪、日本鸢尾这类开白色或蓝色花的宿根草。同一品种就选白色，近似品种或花形相似的则选择花朵直径较小的，最为百搭。

　　圣诞玫瑰、禾叶土麦冬、白及、日本鸢尾、杜鹃草、金线草、玉簪、日本鬼灯擎等植物适合种植在任何地方。

 要点 用鹅耳枥做背景

由于外面临近马路，要打造静谧的日式庭院，需要使用常青树做背景墙，起到柔和视线的作用。❷

推荐植物

枸子

低矮灌木，仿佛在地上攀爬一般生长，生命力强，小巧的椭圆形叶片魅力十足。秋季枝叶前端会结出成串的红色果实。

大吴风草

生命力强，耐干燥，适应恶劣条件，每年开花。光洁可爱的叶片十分漂亮。

庭院信息

所在地：日本东京都	
庭院面积：约 70m²	
构成：木质栅栏、透水石露台、砖墙、花坛、杉树皮篱笆等	
主要植物	
高型植物：加拿大唐棣、枸栎、野茉莉、青冈树、小叶白蜡树等	
中、矮型植物：铁线莲、蓝莓、冬青、山桂花等	
地被植物：大吴风草、禾叶土麦冬、杜鹃草、圣诞玫瑰等	
玄关：绿篱与铺石	
中庭：杉树皮篱笆、深草三合土	
停车场：透水石露台	

要点 野生芒草

几颗野生芒草的种子随风而来，在此落地生根，逐渐生长成这般繁茂。主人十分用心地照料它们，每年秋天都可供欣赏。❸

Q 打造以水为重点的庭院需要哪些设计呢?

A 悦耳动听的水琴窟与瀑布声,光影流转的流水,水池,涌泉等。

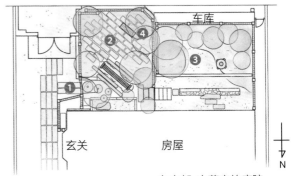

东京都 安藤家的庭院

墙壁上攀爬着亚洲络石的一方绿色天地,中央设计了一处水景,水滴从鸟浴盆型的透水石上滴落,产生类似水琴窟的动听水声,令人神往。

水的力量为一成不变的日常赋予活力

波光粼粼的水面,清脆动听的水滴声,弯曲流水的跃动感,水景总能够动人心弦。

在庭院中设一方小水池,或是空间允许的话可以挖掘出一条小溪流,想必只是看到它们就会十分快乐。庭院的景色一下便丰富起来。

比较简单的水景,只是放置一个小水池或是鸟浴盆。虽然它们有各种材质与形状,但是其中最为百搭的要数白色的石质水池,适合任何庭院,在此推荐。浅钵形状或是四角设计的水池,不论放在西式还是日式庭院中都非常合适。

水景会有水声和光影效果,正在进行疗养的人看到想必会非常开心。瀑布、流水、水琴窟虽然规模较大,但是水景也较为宏大,百看不厌。

 要点 **水声动听的鸟浴盆**

 在透水性好的透水石中插上管子，让水逐渐渗出的鸟浴盆形状的水琴窟。水滴滴落在下方的小水滩里，叮咚作响，十分动听。❷

 庭院信息

所在地：日本东京都

庭院面积：约 73m²

构成：木质栅栏、木质露台、箱型花坛、露台等

主要植物

    高型植物：日本山枫、日本花柏、红松、日本鹅耳枥、扁柏等

    中、矮型植物：山桂花、垂枝梅、垂丝卫矛等

    地被植物：一叶兰、玉簪、花菖蒲、圣诞玫瑰等

玄关：铺石与木质栅栏

中庭：木质花坛、平台

停车场：箱形花坛与木质栅栏

车库上方的日式露台，设计成了以日本花柏为中心的茶室庭院风格。木质的箱型大花坛中种着从以前庭院中移植过来的垂枝梅。❸

要点 **在和与洋的边界种上落叶树**

在上半部分的日式露台和下半部分的现代庭院的边界部分，上方的花坛中种上日本山枫，下方种上枹栎和小叶白蜡树。将风格不同的两部分相邻的空间打造成相连的一片，过渡融合自然。❹

第5章

杂木庭院的花木养护

要想使花草树木保持良好的形态，每时每刻都能欣赏到美丽的庭院，就需要在适当的时间进行适当的修剪养护。这一章详解了杂木的特性和管理技巧，从容准备进行养护吧！

杂木庭院结构什么样？

在建筑周围种上枹栎、鹅耳枥、枫树等，中间种上小叶白蜡树、猴楸树和美国贝拉安娜绣球。外侧搭配低矮的篱笆与四季常绿的绿篱，就打造出了一座理想的庭院。

杂木庭院的布局

在建筑周围种上高大的树种，庭院中间种一些低矮树种，外侧再搭配绿篱和篱笆等。从家中向外看就仿佛身处森林之中，而从外面向里看，各种植物形成了一个柔和视觉的屏障。

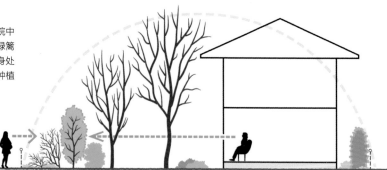

观察野生森林的构造，用杂木包围建筑

您去过野生森林吗？

森林的中心，耐直射日光的落叶阔叶树高高耸立，枝繁叶茂，下方杂草很少。森林外侧则生长着各种各样的低矮树种和野草。

想要打造舒适的杂木庭院，首先要仔细观察森林或是杂木林最自然的状态。选择森林中生长的树种，在建筑周围间隔种植即可。这样一来，整个建筑就仿佛处在林中，清凉感油然而生。

适合做庭院的主题树种有枹栎、昌化鹅耳枥、鹅耳枥、野茉莉、加拿大唐棣、枫树等喜阳的落叶阔叶树。此外，这些树木的树下和树林周围再搭配一些小叶白蜡树、大柄冬青树、腺齿越橘、大叶钓樟等树形较小、不耐直射日光的树种，便是将森林的构造映射到了庭院设计中。

为什么要修剪？

日本玉川上水内侧野生的杂木林。从侧面看几乎无法看到两侧的樱花树。中央的杂木像小山一样高而茂盛。

修剪后的玉川上水。高大粗壮的杂木被砍掉，只留下了一部分纤细的小树。空间变得更加明亮，通风和水流也更为流畅了。

放任不管或修剪不当就会野蛮生长

　　杂木本就生长在林中，生长速度很快，可以当作木柴。它们大多都生命力极强，在山上与森林中投下巨大的树荫，即使采光和通风条件不是很好，也能茂盛生长。在生长条件很好的庭院中种植，便会以惊人的速度不断长高长大。

　　上面左图是日本东京玉川上水边50年未打理的野生杂木林，树木生长成巨型大树，开始堵塞水道，导致旁边的樱花树不再开花，因此当地开始砍伐杂木。如果放任杂木在光照、水分营养条件良好的环境生长，就会有这样的结果。

　　另一方面，如果因为长势太快而中途把树干砍断，树干截面会像喷泉一般生长出许多小枝干，前段的枝叶交杂在一起，像鸟巢一样纠结杂乱，损害本身的树形，模样变得极为凄惨。

修剪得当即可打造美丽庭院

　　右边照片上的庭院已经有20年历史了。树木的繁茂程度恰到好处，树干的粗细让人想不到其树龄已有20余年了。而树冠很大，枝叶也十分舒展。前文刚刚提到，在生长环境较好的地方，杂木会长得很大，所以看到这里读者一定也觉得很不可思议吧。

　　杂木庭院刚刚建成的时候，地被植物等也非常稀疏，会给人一种比较散漫的印象。但是过上一年，植物都会恰到好处地繁茂起来，大约三年就可以彻底成型了。虽然也需要进行日常养护，但是正式开始修剪要在三年之后。在适当的时间进行适当的修剪，就可以打造出照片上这样的美丽庭院。

　　杂木庭院的维护工作十分重要，如果修剪到位的话，庭院会越来越有魅力。

即使已经过了20年，庭院还是如此楚楚动人，树木也没有长得过于粗大。院中盛开着美丽的花，景色和谐，倍添美感。

哪些枝条应当剪掉？

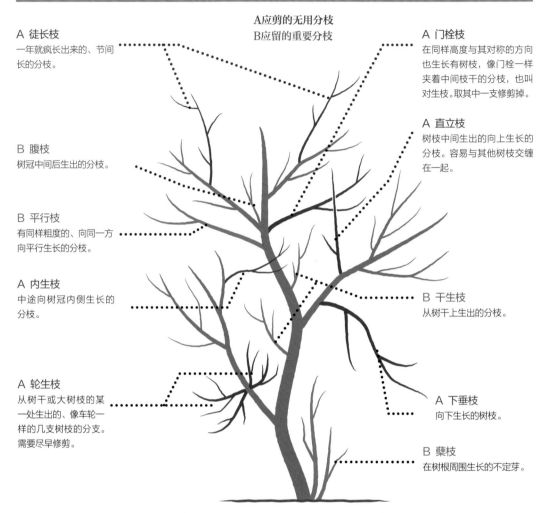

A应剪的无用分枝
B应留的重要分枝

A 徒长枝
一年就疯长出来的、节间长的分枝。

B 腹枝
树冠中间后生出的分枝。

B 平行枝
有同样粗度的、向同一方向平行生长的分枝。

A 内生枝
中途向树冠内侧生长的分枝。

A 轮生枝
从树干或大树枝的某一处生出的、像车轮一样的几支树枝的分支。需要尽早修剪。

A 门栓枝
在同样高度与其对称的方向也生长有树枝，像门栓一样夹着中间枝干的分枝，也叫对生枝。取其中一支修剪掉。

A 直立枝
树枝中间生出的向上生长的分枝。容易与其他树枝交缠在一起。

B 干生枝
从树干上生出的分枝。

A 下垂枝
向下生长的树枝。

B 蘖枝
在树根周围生长的不定芽。

修剪出适合庭院环境的、健全自然的树形

在庭院这样人工打造的空间中，为了让景观与周围的环境看起来和谐，必须要对树木进行修剪，打造健康舒展的树形，这一步骤叫作剪枝。

为了让建筑室内的采光和庭院的通风性良好，必须要限制树高和树冠的生长程度。此外，为了保护隐私，不想让行人或邻居看到的位置，可以留下遮挡视线的枝叶。

剪枝的要点在于抑制大分枝的生长，不让分枝的数量和叶片的数量增加。如果放任生长，树枝就会交缠在一起，阳光无法透过树冠，容易造成树枝干枯，引发生病虫害问题。剪掉不需要的分枝，修剪树枝长得过长的部分，帮助树木健康生长，控制树木长势过猛。另外，如果只留下老树枝，树木就会逐渐衰败，需要不断更新成新生的树枝。

剪掉怎样的树枝才能打造美丽的树形

要维持杂木的美丽形态，需要进行疏枝、修剪、牵引等养护工作。对于刚接触的人来说，肯定会疑惑该修剪哪些树枝。

有一些被称为"忌枝"的分枝，如右图所示，有许多种类。如果留下了过多的忌枝就会妨碍树木的生长，甚至导致其枯萎。在杂木的修剪中，这些忌枝有的需要去除，有的可以留下。

首先要理解什么样的树枝该留，什么样的树枝该剪，这一点很重要。

左图中，A类树枝是该剪的，B类是该留的。为了维持自然的树形，首先应练习看清该留和该剪的分枝。

为了更新新枝，选好要保留的"新生代"

杂木的剪枝与一般意义的园艺剪枝在保留的树枝种类上有些不同。

"蘖枝""干生枝""腹枝""平行枝"都是需要保留的重要分支。这些分支的共同点在于，它们都是从已有的老且大的树枝附近生长出来的，可以代替这些老树枝，更新换代称为新的主干枝。是有可能成为"新生代"的分支。

相反，"下垂枝""直立枝""徒长枝""内生枝""门栓枝""轮生枝"的共同点在于，它们都是会扰乱树冠内部的分支。放任这类树枝不管，就会妨碍树木的健康发育，还可能导致病虫害问题。这些都是不需要的分支。所以修剪它们的时候就从根部去除，不要留下再生的可能了。

切口要沿着树枝的线条，自然过渡。重点在于不要给修剪掉的废枝再生的可能。

节间长的徒长枝破坏树枝舒展的美感

离远一点观察树木的整体，就很容易看出，徒长枝会很明显地从其他树枝中逸出，且节间很长，看起来非常不自然。

如果置之不理，徒长枝会越长越粗、越来越长，成为粗野而毫无美感的分枝。

徒长枝还会抢夺走其他树枝的养分，破坏树木整体的平衡，让树木舒展的美丽姿态不复存在。

尽早修剪，不要放任其生长

除了开花期前和梅雨季这种树木容易生病的时期，在发现长势好的徒长枝时，都要尽早修剪，不要置之不理。徒长枝的生长速度十分惊人，可能一眨眼就长得很长了。

修剪的时候一定要沿着根部修剪，不要抱着担心"万一树枯了怎么办"的心态，给徒长枝留下再生的可能。哪怕只留下一点根，之后截面处可能就会长出喷泉状的小树枝，又需要重新修剪。如果担心伤口不好愈合的话，可以在截面处涂上一些愈合药。

修剪技巧 ● 徒长枝

长起来会破坏树木整体的平衡。

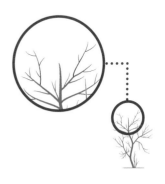

破坏树形，阻碍生长，一定要斩草除根

下垂枝即向下生长的树枝，会影响到其他健康的树枝生长。

落叶树的下垂枝主要是从较粗壮的分枝中生出，常绿树的下垂枝则多发于树冠内，可以从树冠内很多地方生出，大部分比较纤细，容易枯萎受伤，成为害虫的温床。如果置之不理，可能会导致病虫害危害扩大，一定要对下垂枝斩草除根。

针叶树的下垂枝要仔细从根部剪除

扁柏、日本花柏等针叶树的树冠内经常生出纤细的下垂枝。此外，这类针叶树不是很能适应夏天的湿热，如果整个夏天树冠内部杂乱无章，剪枝不够充分可能会导致树木的长势衰缓，从下向上渐渐枯萎。

在夏天到来之前，应该对树冠内部扰乱树形的下垂枝等忌枝进行修剪，一定要从根部剪除，打造良好的通风环境，迎接夏天。

需要剪除的分枝 ● 下垂枝

破坏树形、影响蒸发、伤害树木健康、引发病虫害。

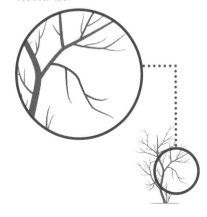

剪除树冠内部生长的朝向不自然的分枝

以一点为中心长出许多小分枝的轮生枝，常长在本身长势就过盛的徒长枝上，或因为台风大雪等外因折断或弯曲的树枝上。

对于生长朝向不自然的分枝，一定都剪除干净。此外，更彻底的解决方法是整个砍除长出轮生枝的树枝。如果留下一点根，就会长出许多无用的细枝，所以一定要紧贴根部剪除。

内生枝、门栓枝、直立枝也要斩草除根

向着树冠内侧反向生长的"内生枝"，与其他树枝相撞的垂直生长的"直立枝"，左右对称生长的"门栓枝"也都和轮生枝一样，会打乱树冠内部的自然形态，是需要剪除的分枝。如果放任不管就会影响其他树枝的生长，导致病虫害问题。

健康的树形是树冠内部没有树枝打架，通风良好的。因此这些分枝也都要紧贴根部剪除，这样就可以修整出舒展自然的树形。

需要剪除的分枝 ● 轮生枝

从根部剪除扰乱树冠内部自然造型的分枝。

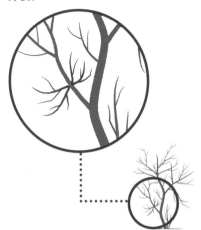

利用自然的树形，修整成丛生状的必要分枝

以往的园艺养护书籍大多都介绍说"一旦发现长出蘖枝，就立刻修剪掉"，其实要修整出自然舒展的树形，蘖枝是必不可少的。

对于一些会生蘖枝的低矮树种和中高树种，在长出蘖枝后，紧贴地面，将变得过于粗壮的老树干砍掉，培养下面冒出的蘖枝成为新的主干。

过于粗壮或过于纤弱的都要砍除，只留形状好的

有一些树脚下会生出很多蘖枝，有时甚至一季下来能生出五根蘖枝。虽然完全不长蘖枝让人头疼，但长得太多也同样让人烦恼。这时候就要选择留下哪根，不要的就都沿着地面砍掉、修整。这时候如果没有砍干净，留下了一点根，之后就会井喷似地长出许多细枝，所以剪枝时一定要处理干净，不留根。

长得过于粗壮或过于纤弱的蘖枝都会扰乱树木整体的生长节奏，需要砍除。应该留下的是既不过于粗壮也不过于纤弱的"中庸之辈"，再从中选择出形状最优美的，等到蘖枝长大后，就可更换掉老的树干。

需要留下的分枝 ● 蘖枝

修整成丛生状必不可少的分枝。

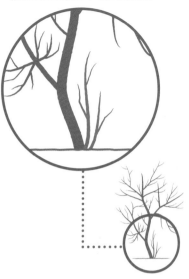

对蘖枝很少的树种和主干的更新换代非常重要

对于树脚下很少生出蘖枝，只有一根主干的高大树种来说，如果想将主干重新砍低一点的话，必须在树干下方1/2到2/3的地方留下干生枝，在干生枝长大后可以更换掉主树干。

干生枝最好是贴着主干向上生长的，如果干生枝横向生长，将主干沿着干生枝的根部砍掉，干生枝也能逐渐向上生长。

如果很明显是长大后也无法利用的干生枝，就紧贴根部砍除。

利用好平行枝、腹枝等主树干和老树枝的侧枝

干生枝是枝树干中途新生出的分枝，广义上讲，平行枝、腹枝也属于干生枝一类。

想要将主树干重新砍短的情况自不必说，在侧枝过老过粗时，如果下方又生出了小侧枝，就可以培养平行枝，取代老的侧枝。

腹枝如果太纤弱就可以剪除，如果长势正常，可以留下，作为主树干更新换代的基础。

需要留下的分枝 ● 干生枝

树干和主枝更新换代所不可或缺的分枝。

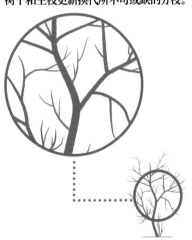

如何开始修剪枝条？

思考修剪的顺序

想要修剪出漂亮的线条，必须了解应该下刀的位置和修剪的秘诀，这一点非常重要。实际上很多人在剪枝时都是先从树冠逸出的无用分枝开始修剪的，这样做其实很不好。树枝一旦剪掉了就没法复原，所以在下手前，应该仔细观察好整体的形状，想好剪掉哪些树枝可以保持整体的平衡。

无论是修剪主干还是从树根修剪，首先要进行这一步思考，接下来才是从要留下的主干上剪去多余的大分枝，这样就能修剪出理想的树形框架。

想要将粗大的分枝紧贴根部完美地剪除，可以参考下图的操作顺序，之后就是剪去中等粗的分枝，这时候要使用锯子，最后使用剪刀剪去细小的分枝。

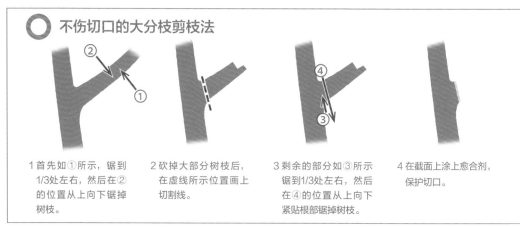

不伤切口的大分枝剪枝法

1 首先如①所示，锯到1/3处左右，然后在②的位置从上向下锯掉树枝。

2 砍掉大部分树枝后，在虚线所示位置画上切割线。

3 剩余的部分如③所示锯到1/3处左右，然后在④的位置从上向下紧贴根部锯掉树枝。

4 在截面上涂上愈合剂，保护切口。

错误的大分枝剪枝法

1 从上方直接锯的话，树枝会因自重垂下。

2 一次性锯的话，树皮会直接裂开。

从上到下修剪，一定要注意安全

修剪高大的树木时需要用到梯凳或园艺用梯子等。不小心就可能会摔下来，所以一定要注意安全。使用梯子时，可以将安全绳将自己固定在树干上再作业。

修剪枝头的小枝叶时，从上到下修剪是要点。如果搞反了顺序，好不容易修剪漂亮的下方的枝叶上，就会堆满上方掉下来的碎屑。还需要进行二次打扫。

请穿上长袖长裤，戴好帽子，穿上防滑的运动鞋（用梯子时不宜穿靴子），戴好劳保用手套或园艺用手套。用擦汗用的毛巾围住脖子，可以防止落叶和碎屑掉进衣服里。

绝对不要从树枝中间开始修剪

剪枝最重要的一点是"从哪里下锯剪除"。

许多教授剪枝的书上都介绍了很多剪枝的方法，比如"再生剪枝"、"整形剪枝"等。但是如果要修整出自然的树形，一定要遵守"不同树枝中间修剪，紧贴根部沿着树皮剪枝"这一原则。这样才能保持美丽的树形。

如果从树枝中间修剪，切口出很快就会冒出喷泉似的小枝叶，形状会变得很难看。

紧贴根部剪枝，下手的位置非常重要

打造自然美丽树形的剪枝法，最重要的在于，沿着留下的树枝的生长线条，紧贴需要剪除的分枝的根部与树皮交接处修剪。

如果修剪的位置太深，树皮就会缺少一部分，导致伤口难以愈合。这样会导致树枝易断，影响之后的生长。

对主干进行再生剪枝时，做法与下锯的位置也都是相同的。

使用锋利的锯子，可以让树皮加速愈合。

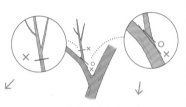

要修剪出自然的树形，剪枝的角度应该如何？

沿根部剪除不需要的分枝。沿着留下的树枝自然生长的线条，紧贴要剪除的分枝的根部进行修剪。

不从树枝中间修剪

剪枝时一定不能从树枝中间拦腰剪断。如果这样修剪，细小的枝叶马上就会如喷泉般从伤口处涌出。

太浅或太深都不行

下手的位置太深就会损伤树皮导致恢复缓慢，还可能导致病原菌从伤口处进入。

修剪不彻底，可能会扰乱树形

如果没有这方面的知识，很可能就会担心"树木从伤口处开始枯萎怎么办"，于是就会在剪枝的时候留下一点根。这样，留下的那一点根上会马上井喷出一堆细小的枝叶，扰乱树形。这种情况在修剪四照花和日本紫茎时很常见。

要解决这个问题，就要重新沿着根部修剪一次。但是必须在适合该树种的时期进行二次剪枝，如果时间不巧，就要耐心等待。

但是，像葡萄、绣球花这样的易于枯萎的植物，下手修剪的位置还是要离根部留上一点点距离。

不修剪彻底就会扰乱树形

如果不紧贴根部修剪，留下一点根，就会井喷出许多小枝叶。只能等到合适的时期再进行二次剪枝。

紧贴根部剪枝，可以做到了无痕迹

紧贴根部进行剪枝的话，几乎可以做到了无痕迹，这是养护中非常重要的一点。

如果紧贴根部进行剪枝，树皮马上就能从四周包裹住伤口，过上一段时间就几乎看不出哪里修剪过了。

此外，修剪大分枝过后可以在伤口处涂上杀菌用的防干枯愈合剂，这样就能更加放心了。

紧贴根部修剪有助更快恢复伤口

四周的树皮生长起来后，马上就能覆盖住伤口，有助于尽快恢复。不仅不会凹凸不平，更难做到修剪过了无痕迹。

大分枝也要紧贴根部修剪

要紧贴根部进行修剪，这样从旁边观察，就能几乎看不出来剪枝痕迹了。对于较大的伤口，最好涂上愈合剂。

什么时间修剪杂木？

常青树的管理

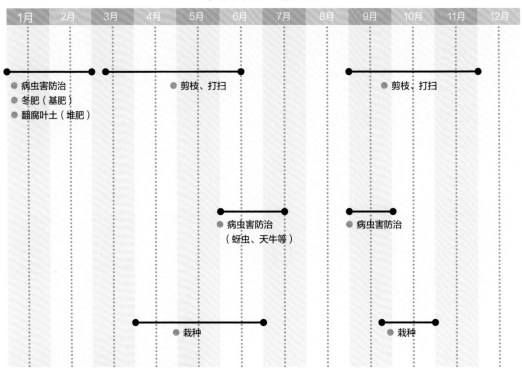

1月	2月	3月	4月	5月	6月	7月	8月	9月	10月	11月	12月

● 病虫害防治
● 冬肥（基肥）
● 翻腐叶土（堆肥）

● 剪枝、打扫

● 剪枝、打扫

● 病虫害防治
（蚜虫、天牛等）

● 病虫害防治

● 栽种

● 栽种

常青树要在 3~6 月和秋季剪枝，在暖和的季节栽种

　　常青树比落叶树发芽要晚，剪枝要在新芽都生长出来后的3~6月进行。紧贴主干根部对分枝进行修剪，打造出自然的树形。此外，为应对寒冷，应在秋季到严寒期前这段时间剪枝，减少枝叶的数量。

　　很多常绿阔叶树都比落叶树畏寒，栽种要避开盛夏和寒冬，在温暖的季节进行。

　　针叶树大多比阔叶树耐寒，因此可以在冬季剪枝，休整树形。在发新芽前预测来年的生长态势，针对树种特性，思考其生长方式，控制生长速度。

　　除了杜鹃花与山茶这样需要赏花的开花树种，都不要施太多肥，以防树木长势过猛。针对畏寒的树种，冬季前要在树根处铺上稻草或腐叶土等进行护根。

山茶花的花期很长，在花朵较少的秋季到冬季盛开。适宜种植在从建筑物内或马路上能看到的重点位置。

落叶树的管理

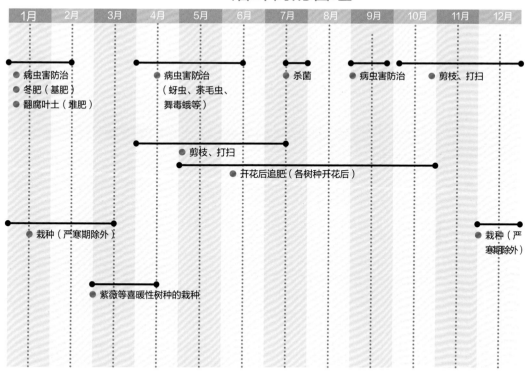

1月	2月	3月	4月	5月	6月	7月	8月	9月	10月	11月	12月

● 病虫害防治
● 冬肥（基肥）
● 翻腐叶土（堆肥）

● 病虫害防治（蚜虫、茶毛虫、舞毒蛾等）

● 杀菌

● 病虫害防治

● 剪枝、打扫

● 剪枝、打扫

● 开花后追肥（各树种开花后）

● 栽种（严寒期除外）

● 栽种（严寒期除外）

● 紫薇等喜暖性树种的栽种

新绿与红叶交相辉映的魅力的枫树类树木，可以成为庭院的灵魂，也可以成为庭院的重点的落叶树。强烈推荐。

落叶树在冬季与夏初剪枝，栽种与施肥也在同一时期

大多数落叶树都在深秋到冬季的落叶期进行剪枝，修整树形。这个时期的剪枝需要预测来年一年的长势，根据树种控制生长。

基本上是修剪掉整体的1/3~2/5的树枝，修剪的位置和方法根据树种有所不同。

此外，冬季对于第二年来说，是重要的准备阶段，如果不用心就会影响栽种和病虫害防治等，导致春后的生长情况变差。

夏初的剪枝是为了修剪逸出的枝叶和交缠在一起的枝叶，主要是为了调整。如果因为怕麻烦，在枝叶还没有停止生长前就修剪掉了，之后就会导致新芽井喷，要避免这种情况。在新芽和不定芽停止生长后剪枝，可以调整枝叶数量，抑制树枝粗大。

怎样挑选和种植树苗？

从苗木店或园林公司购买带土球或带花盆的树苗

杂木树苗可以在建材超市、园艺市场、园艺店、绿化苗木市场等处购买。推荐从苗木店或支持零售的园林公司购买带土球或带花盆的树苗。

比起在环境优良的土地培育出的"优良"的树苗，在背阴或干燥的土地等与野外条件相似的地方培育出的树苗，移到庭院种植后更能展现丰富的魅力。

虽然树苗也可以在网上购买，但还是看到实物再购买比较保险。

带土球和带花盆的树苗一年四季都可以栽种

适合移植到庭院的杂木树苗，高度在1~1.5m，基本上是种植了3个月到半年以上的带土球和带花盆的树苗。这样的树苗，根系已经十分发达，除了盛夏和严寒期以外，随时都可以栽种。

关于适宜栽种的时期，常青树是春天或夏天，落叶树是冬天到春天，在合适的时期栽种，可以保证树根更顺利成活。小的嫁接苗和实生苗成活率较低的树种，最好还是在适宜的时期移植。

移植后，秋天以前每天要浇 1~2 次水

移植好树苗后，最重要的一件事就是浇水。

很多人觉得地表湿了就算浇过水了，其实浇的水不足会让树木枯萎，地上也长不出青苔，这样很难度过夏天。

在这里推荐夏天早晚各浇一次水，春秋每天浇一次水。每棵树至少要浇足3秒。不要使用浇水壶，而是要用带有喷嘴的胶皮管给所有的树木浇水，至少要循环2遍。必须要浇够所有树的树根土球容积分量的水。

用带有喷头的水管浇水，每棵树至少要浇足3秒，保证足量的水浸润树根，待地表的水渗透后，再浇一次水。

带土球的树苗

树苗的种类可以分为带土球的树苗、带花盆的树苗和裸根采挖的树苗。带土球和带花盆的树苗一年四季都可以栽种，且根的成活率较高。

这株树苗已经在不无纺布花盆里种植了半年以上。细小的根系密集发达。用剪刀剪开周围的无纺布，剥除后进行移植。

树高 3m 以下，可以自己用"水衣法"移植

移植中非常重要的一点就是使用"水衣法"。这是苗木店和园林公司在移植时的必用方法，利用水使树苗的根与土壤充分融合在一起。

杂木树苗大致上可以分为三种规格，1m以下的嫁接树苗，1~1.5m的带土球或带花盆的树苗，3m以上的多为带土球的树苗。树高3m以下的都可以自己移植，但是比较容易移植的还是1~1.5m的树苗。

3m以上的大型树苗无论是运输还是挖坑、移植都非常难操作。大型树苗有时还需要用起重机搬运，最好还是委托卖家，比如苗木店或园林公司的专业人士进行移植。

万无一失的杂木移植法

购买了移植到无纺布花盆里的养护的约1m高的树苗（冬青）。

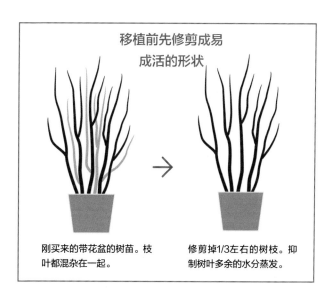

移植前先修剪成易成活的形状

刚买来的带花盆的树苗。枝叶都混杂在一起。

修剪掉1/3左右的树枝。抑制树叶多余的水分蒸发。

1 先用铲子挖出比树根土球大上一圈的树坑。

2 从花盆中取出树苗，如果是无纺布花盆，就直接剪去。

3 小心地将树苗移植到树坑里。

4 离得稍远一点，仔细观察，确认枝叶的方向和树苗的外观。

5 决定好种植的位置和枝叶的朝向后，在树坑里填上约一半的土。

6 用胶皮管在树根土球周围分几次浇上充足的水，让树根和土壤充分融合。

7 浇好水后，把土填满。

8 用脚将树苗周围的土踩实，固定好树苗，不要让树苗摇晃。

冬季与夏初怎样修剪杂木？

控制西南卫矛树高的剪枝法

从根部砍掉树梢的徒长枝、树冠内部的乱枝、下垂枝等，去除整体1/3左右的树枝，更新主干，抑制树高。

冬季修剪

1. 从根部砍掉过于粗壮的老的侧枝。
2. 从根部砍掉横向生长的较大徒长枝。
3. 从根部砍掉向上逸出的徒长枝。

夏初修剪

1. 从根部砍掉老树枝，更新成新树枝。
2. 从根部砍掉过于粗壮的主干，更新主树干。

控制枥木树高的剪枝法

沿地面砍掉过于粗壮的老树干，更新成低矮的蘖枝。从根部砍掉徒长枝，去除整体2/5的树枝。

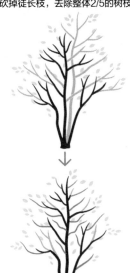

冬季修剪

1. 沿地面砍掉过于粗壮的老树干，更新成新长高的蘖枝。
2. 从根部砍掉过于粗壮的老侧枝。
3. 砍掉侧生的徒长枝，修整出紧凑的树形。

夏初修剪

1. 从根部砍掉树冠内部过于粗壮的老下枝。
2. 从根部砍掉过于粗壮的老树枝，更新成新树枝。

理想的剪枝频率是夏初和冬季各一次

每种树的生长周期和速度都有所不同，养护的方法也会不太一样，但是，只要在夏初和冬季各进行一次剪枝，基本上所有的杂木都可以保持舒展美丽的树形。

首先，枹栎、昌化鹅耳枥、麻栎、枫树这类杂木庭院的主题树种，它们的生长速度都很快，在夏初需要进行抑制生长的除枝活动，从根部砍掉几根粗壮的树枝。到了冬天更要修剪整体树形，进行主干的更新换代，从根部砍掉一些不需要的侧枝。

此外，这些生长迅速的树种主干的更新换代有两种模式，一是从下方砍掉主干进行更新换代，另一种是将干生枝替换成新的主干。

杂木庭院的配角类树种生长速度都较为迟缓，剪枝的时期和需要修剪的树枝类型也都是差不多的，但是它们的树枝都比较纤细，因此需要更多地用到剪刀。此外，由于他们的长势较为缓慢，要注意不能一次剪除太多的树枝，否则可能造成树木枯萎或是长势变差。剪枝时一定要小心。

生长速度快的树种

昌化鹅耳枥、野茉莉、连香树、枹栎、皱叶木兰、加拿大唐棣、枫树类、西南卫矛等。

加拿大唐棣

生长速度慢的树种

小叶白蜡树、大柄冬青树、水榆花楸、华山矾、腺齿越橘、青荚叶、合花楸、毛叶石楠等。

小叶白蜡树

常青树

珊瑚木、马醉木、钝齿冬青、树参、柑橘类、红花檵木、山桂花、冬青、含笑花、山月桂、光蜡树、南美梣、山茶等。

柑橘类

哪些树种省时省力？

生长速度快的树可以整枝修剪，生长速度迟缓的树需要更细致的养护

经常有人问我哪些树养护起来省事，哪些树养护起来比较麻烦。很多人会觉得生长速度快的树种养护起来比较麻烦，但其实，生长速度快并不意味着养护起来更费力。

杂木的基本养护就是控制树叶与树枝的数量，所以，对于生长速度快的树，直接修剪掉较粗的树枝就可以了。沿着较粗的树枝的根部整枝砍掉，这样反而需要修剪的地方会变少。

与之相比，生长速度缓慢的树，树枝和叶片长得都比较慢，如果直接将较粗的树枝砍掉，反而可能让树木的长势变差。所以在剪枝时需要细致地修剪很多地方。因此并不是说生长速度慢，养护起来就更省力了。

杂木的养护并不存在麻烦与省力的区别，关键在于是想直接整枝砍掉，还是更细致地慢慢修剪。

枹栎

从好似银色海浪的新芽，到清爽的黄绿色的新叶，再到秋季的红叶，观赏性极高，被称为"杂木之王"。

枹栎的冬季修剪
紧贴根部砍除徒长枝等忌枝，去除整体 2/5 的树枝。每年更新一次主干。

腺齿越橘

夏末叶片开始转红，颜色像野漆树一般。新叶带着一点红色，果实是黑色的。

腺齿越橘的冬季修剪
紧贴根部砍除徒长枝、乱枝等忌枝，去除整体约 1/3 的树枝。培养干枝或蘖枝，几年更新一次主干。

 Q 传统的日式球状松树该如何修剪？

A 用3~6年来逐渐修剪调整成自然的树形

一些人家中有修剪成传统的日式球状的松树、罗汉松，这些人工造型的庭院树种大多生长速度缓慢，每次能修剪的树枝数量很少。因此，要想改变庭院风格，需要花上3~6年来逐渐修剪调整树形。请参考左图，在夏初和冬季进行细致地修剪，慢慢恢复曾经的自然树形。

通过剪枝从人工造型恢复到自然树形

1 一次能剪除的树枝量在整体的 1/3。紧贴根部剪除树冠内的乱枝和下垂枝等。

↓

2 在夏初和冬季重复上述剪枝方法，花上 3~6 年，从树干到枝头都会自然变细。

有哪些修剪工具？怎样使用？

选择锋利的剪刀，工具尺寸要适合自身体型

　　剪枝需要三种工具，剪枝剪刀、园艺剪刀、剪枝用锯子。刀刃类的工具，使用后的保养非常重要。请一定要擦干净树液、泥巴等污物和水渍。如果使用比较钝的剪刀，手会非常疼，对身体造成负担。请让剪刀保持锋利。

　　梯凳是非常重要的登高工具。站上去试试，选择高度最合适的一级。这里推荐三脚梯凳，既可以在狭窄的地方或是四周种有花草的地方站稳，也很方便在树木旁边站稳，使用起来非常方便。

　　扫帚推荐头比较密的，尽量扫干净所有的落叶和垃圾。如果地面有青苔，使用小扫帚比较方便。

园艺剪刀

要修剪乱糟糟的小树枝，或是紧贴根部修剪的时候，园艺剪刀要比刀刃较厚的剪枝用剪刀更好用。

剪枝用锯子

剪枝剪不断的粗壮树枝需要用到锯子。剪枝用锯子经过专业设计，即使锯木头，木屑也不会堵塞锯齿。

移栽铲

栽种或移栽小型苗木、清理杂草和水池的垃圾时非常好用。推荐铲头细窄，与手柄一体的金属制类型。

梯凳

三脚梯凳最为便利。爬上去试试再选择最好用的那款即可。材质有铝等，建材市场有售。

劳保手套

花草可能有刺，夏天可能会碰到毛毛虫，戴上劳保手套更安全。

胶鞋

上下梯凳或是走入灌木丛时用得上，进出狭窄的地方也非常方便，稳定性极高。也有鞋头不是夹脚型的长靴款。

喷药用喷雾器

有利用手按式蓄压式喷雾器，也有利用马达驱动的电动式喷雾器。药箱容量根据需要进行选择。

扫帚、竹笤帚、竹竿

有前端是金属制或树脂制的类型。头比较密的扫帚打起来效率更高。竹竿用来敲落砍下后挂在树上的树枝。

小扫帚

打扫细小的落叶和针叶树的落叶，或是打扫青苔上的垃圾、花坛的落叶等非常方便。

怎样应对虫害、酷暑和严寒？

茶毛虫、天牛幼虫、蚂蚁、墨绿彩丽金龟

关于杂木庭院的病虫害问题，一种会导致树木枯萎，受到巨大危害，另一种是导致人受到伤害。

威胁树木的代表性害虫有天牛幼虫、墨绿彩丽金龟、蚂蚁等，它们会啃食树心、树根，造成的伤害是即时性的，会对树木的生长造成极大的伤害。

茶毛虫则会给人带来危害。如果被它的毒针扎到，伤处马上就会红肿起来，很难治愈。即使碰到茶毛虫幼虫蜕下的壳上残留的毒针，也同样会引起红肿，需要注意。

蚁灾
这是一棵被蚂蚁啃坏了树根，濒死的小叶白蜡树（中间树干很细的那株）。由于蚂蚁在它的树根造了蚁穴，啃食了它的树根，已经枯萎，即将倾倒。现在树根附近施了驱蚁药。

墨绿彩丽金龟　成虫会啃食叶片、花朵等，幼虫会啃食植物根茎。近年来在一些地区大量出现，造成的灾害很大。

天牛幼虫　天牛幼虫会啃食树枝和树心，造成树枝甚至整棵树枯萎。枫树类树种常见此种害虫。

茶毛虫　毒蛾幼虫，成群出现导致灾害，啃食叶片和新芽。山茶类树种常见此种害虫。被它的毒针扎到伤口会红肿。

夏季要注意缺水，冬季要注意病虫害和防寒

刚种植上植物的第一个夏天，或是扎根较浅的地方，夏天要注意防止因缺水导致的植物枯萎。早上或晚上地表温度较低的时候，浇上足够的水，防止缺水。

随便洒些水浸湿地表土层是不行的，必须要花时间浇足够的水，让水渗透到植物根系才行。

如果庭院里有水池或流水的花，夏天可以定好时间，定期放水，这样周围也会更容易渗透到水，推荐这种做法。

"松针铺盖"、"稻草围席"、"稻草斗笠"等可以保护庭院里的植物不受严寒、霜雪侵害。它们既可以保护青苔、草珊瑚、朱砂根的红色果实和寒牡丹等，也能营造出风雅的冬季庭院之景。

"草席卷"是用稻草编成的草席，将它卷在松树树干上，到了春天再将钻进了害虫的"草席卷"焚烧，以此驱除害虫。

定期给小溪流放水，既可以保持庭院的湿度，也具有预防缺水的效果。如果一段时间不放水的话，青苔也可能会减少。

将稻草绑成束，倒扣在植物上的就是"稻草斗笠"。在铺上松针前扣上。从缝隙间可以看到红色小果实和寒牡丹，非常风雅。

专栏 2

树下地被植物也要讲究

　　说起杂木庭院，很多人都会觉得就是自然山野风格，其实，只要搭配好植物，在杂木庭院打造出任何一种风格。

　　枹栎、枫树这种杂木庭院的标志树种周围会是半背阴的，所以选择喜好背阴或半背阴环境的杂草和低矮树种种植在它们的树脚下会比较好。阳光透过枝叶洒下，树下悄然盛开着一朵楚楚动人的小花，多么美好。所以适合杂木庭院的花，就是能在背阴处开花的花草。

　　矾根、黄水枝、杜鹃、淫羊藿、玉簪等都是推荐种在杂木庭院的地被植物。带斑纹的玉簪，即使不在开花期，也能让树荫看起来更明亮。

　　台湾杜鹃、玉簪、蕨类植物几乎不需要打理，每年会自行开花。淫羊藿的花和叶都很漂亮，珊瑚铃、黄水枝也十分适合杂木庭院。水边比较适宜种植石菖蒲和蕨类植物。

喜好水边的地被植物

比例均衡地种植石菖蒲、岩蕨、掌叶铁线蕨、山白竹等植物。诀窍在于不要种植得太过密集，要隔出适当间隔种植。

玉簪与蕨类植物

在建筑物投下阴影的地方种上喜好背阴处的玉簪和蕨类植物，展现清凉感。

草苏铁和鸡麻

可以说是最适合枹栎的组合了，形状非常时尚显眼。

台湾杜鹃

花瓣外侧是粉色的，非常漂亮。生命力强，每年秋季会大量开花，推荐种植在半背阴处。

红鳞毛蕨

新芽会变红，很漂亮的蕨类植物。夏初叶片又会变成绿色，新绿也非常美。

矾根

生命力强，常青植物。生长速度平稳，非常好养，这点很有魅力。它的彩色叶片也很值得欣赏。

淫羊藿

淫羊藿花的形状很像泊船时使用的锚。叶片的颜色和形状有许多种，花色也有白、黄、粉等，类型丰富。

第6章

杂木庭院的推荐花木

如何选择最合适的树种？

想要在庭院种树的时候，首先要想好，是想要结实粗壮的树干，还是想要纤细柔和的树干？树叶的颜色和形状也很重要。是想要浓绿色的宽阔叶片，还是想要浅绿色的纤细叶片？树叶占据的面积空间很大，所以会直接影响树木所在区域给人的印象。

接下来就要实地挑选树苗了。选择树苗时很重要的一点是，要选择"会越长越好的树苗"。买的时候就健康过头的树苗，回去之后可能会因为长得太过粗壮而破坏庭院的整体风格。有的树苗移栽之后，树根不适应新环境，最后会枯萎，要小心管理。

数据以日本关东平原地区为标准。
所列植物名并非都是植物学上的正式名称，也有一些惯用名、俗名等。

落叶树

小叶白蜡树

4	5	6	7	8	9	10	11	12	1	2	3
	开花						红叶				
		剪枝						剪枝			

木犀科落叶小乔木

树高 10~15m　花色 白　果实色 褐色
生长速度 缓慢　日照 向阳~半背阴
移栽 3~7月、9月下旬~11月

别名青桐木，树干呈灰白色，树枝舒展，即使在半背阴处节间也不会过长。冬季剪枝剪除一些侧生枝，去除整体的1/3左右。几年从根部砍除一次主干，培养下方的干生枝作为新的主干。注意防止树根被蚂蚁啃食。

大柄冬青树

4	5	6	7	8	9	10	11	12	1	2	3
	开花						红叶				
		剪枝						剪枝			

冬青科落叶小乔木

树高 10~15m　花色 白　果实色 红
生长速度 缓慢　日照 向阳
移栽 10月中旬~11月、2月下旬~3月

灰白色斑状皮孔，剥去薄薄的树皮就会露出绿色的内皮，这是大柄冬青名字的由来。雌雄异株。纤细的分枝较多，生长迟缓，紧贴根将长势过强的树枝砍除，约砍除整体1/3的树枝。无明显的病虫害威胁，易于种植。夏初时节注意沿根剪除徒长枝。

水榆花楸

4	5	6	7	8	9	10	11	12	1	2	3

开花　　　　　　　红叶

剪枝　　　　　　　剪枝

蔷薇科　落叶乔木

树高 15m以上　**花色** 白
果实色 橙　**生长速度** 缓慢
日照 向阳~半背阴
移栽 12月~次年3月

低调的橙色果实有红豆大小，果实表皮像梨一样有白色的皮孔，因此得名。冬季剪枝时仅需去除不需要的分枝。水榆花楸少生侧枝，适当疏枝营造良好的通风环境。剪枝时注意一定要沿根剪断。夏季注意保证水分充足。

昌化鹅耳枥

4	5	6	7	8	9	10	11	12	1	2	3

开花　　　　　　红叶　　　开花

剪枝　　　　　　　剪枝

桦木科　落叶乔木

树高 15m以上　**花色** 茶（雄花）、绿（雌花）　**果实色** 茶
生长速度 快　**日照** 半背阴
移栽 2~3月 10~12月

鹅耳枥属植物。枝繁叶茂，冬季的剪枝需要将长势过好的树枝沿根部砍除，剪枝对象以下部的树枝为主，每年去除 3/5 左右。夏季疏枝即可。

野茉莉

4	5	6	7	8	9	10	11	12	1	2	3

开花　　　　　　红叶

剪枝　　　　　剪枝　　　　剪枝

安息香科　落叶小乔木

树高 约10m　**花色** 白、桃
果实色 白　**生长速度** 快
日照 向阳
移栽 2~3月 10~12月

夏初时节会垂下星形的花朵，开花后结灰白色的椭圆形果实。生命力很强，砍掉粗壮的树枝后，会从伤口处长出许多干生枝。因此需要趁它还小，或是刚移栽没多久的时候，就开始慢慢疏枝，这样后续就可以不用再去除粗壮的树枝了。

毛叶石楠

4	5	6	7	8	9	10	11	12	1	2	3

开花　　　　　　　红叶

剪枝　　　　　　　　剪枝

蔷薇科　落叶灌木

树高 3~7m　**花色** 白　**果实色** 红
生长速度 慢　**日照** 向阳
移栽 11月~次年2月

春季盛开半球状的小白花，秋季结椭圆形的红色果实。根部经常生出蘖枝，呈丛生状。适度选择长势好的蘖枝保留。将老的粗壮主干沿地面根部砍掉一两根，更换成新的蘖枝，就可以保持其柔美的树形。

鸡爪槭

4	5	6	7	8	9	10	11	12	1	2	3

开花　　　　　　红叶　　　开花

剪枝　　　　　　　剪枝

槭树科　落叶乔木

树高 20~30m　**花色** 红　**果实色** 茶
生长速度 快　**日照** 向阳~半背阴
移栽 11~12月

春季抽芽，新绿过后，夏季带来凉爽宜人的绿荫。与西式庭院也十分搭调，是一种极具人气的常见杂木。如果在落叶前砍除粗壮的树枝，会导致树液外流而有损树木健康，因此粗壮树枝的修剪请在完全休眠后进行，并在伤口处涂好愈合剂。

美国贝拉安娜绣球

4	5	6	7	8	9	10	11	12	1	2	3

开花　　　　　　红叶

剪枝　　　　　　　　剪枝

绣球科　落叶灌木

树高 约1.5m　**花色** 黄绿~白
生长速度 缓慢　**日照** 向阳~半背阴
移栽 3~7月，9月下旬~11月

原产北美的美国绣球的园艺品种。花蕾呈黄绿色，随着绽放逐渐变成白色。由于花芽会长在新生的枝头上，如果想要控制在一个较低的高度，请每年都将所有的树枝修剪到离地面 5cm 左右。想要欣赏自然的树形，请将老树枝沿地面根部剪除。

荚蒾

4	5	6	7	8	9	10	11	12	1	2	3

开花　　　　　红叶

剪枝

五福花科　落叶灌木

树高 2~3m　花色 白　果实色 红
生长速度 中等　日照 向阳~半背阴
移栽 12月~次年3月

夏季盛开球状的白色小花。剪枝不要选择纤细的分枝或是徒长枝等，只需要剪除一些顶碰到其他树枝的，或是突然长粗长大的分枝即可。注意要紧贴根部剪除。选择性保留一些蘖枝，五六年砍掉一次老的主干，更新成培养出来的蘖枝。

枹栎

4	5	6	7	8	9	10	11	12	1	2	3

开花　　　　　红叶

剪枝

山毛榉科　落叶乔木

树高 10~30m　花色 黄　果实色 茶
生长速度 快　日照 向阳
移栽 2月下旬~3月，10~11月

枹栎被誉为"杂木之王"。其新芽带一点闪耀的银色，新叶是清爽的黄绿色，秋季则会染成极具魅力的红色。生长速度快，最好每年进行两次剪枝。种植在背阴狭窄处比较容易控制长势。每隔几年将主干更新成培养好的蘖枝，控制树高。

娑罗树

4	5	6	7	8	9	10	11	12	1	2	3

开花　　　　　红叶

剪枝　　　剪枝

山茶科　落叶乔木

树高 10~20m　花色 白　果实色 茶
生长速度 中等　日照 向阳~半背阴
移栽 3月下旬~4月上旬，10月中旬~11月

丛生状的树形十分优美，稍带一点灰色的褐色树皮也极具魅力。紧贴树干砍除整体 1/3 左右的树枝，如果不小心留下一点没砍干净，切面处就会并喷出许多细枝，一定要沿着树枝根部砍除。

麻栎

4	5	6	7	8	9	10	11	12	1	2	3

开花　　　　　红叶　　　开花

剪枝

山毛榉科　落叶乔木

树高 15m以上　花色 黄　果实色 褐
生长速度 快　日照 向阳
移栽 2~3月，10~11月

武藏野杂木林的代表树木。在冬天剪枝，无须施肥。养护只需清理一下徒长枝和长得过快的树枝即可，剪除约一半。沿树干砍枝的时候不要一点一点锯，要一鼓作气地砍掉。无须打理得太过细致，略带粗犷的风格会让麻栎更具风情。

弗吉尼亚鼠刺

4	5	6	7	8	9	10	11	12	1	2	3

开花　　　　　红叶

剪枝　　　剪枝

虎耳草科　落叶灌木

树高 1~2m　花色 白
生长速度 红　日照 向阳~半背阴
移栽 3月下旬~4月上旬，10月中旬~11月

白色的穗状花常用于插花。树高较低，也很适合小庭院。树根处每年都会生出新的蘖枝，选择形状好的留下，将老的主干沿根部砍除，更新蘖枝。夏初时修剪徒长枝和多余的蘖枝，保持树根处清爽。

白乳木

4	5	6	7	8	9	10	11	12	1	2	3

开花　　　　　红叶

剪枝　　　　　剪枝

大戟科　落叶小乔木

树高 5~10m　花色 黑　果实色 黑
生长速度 中等　日照 向阳
移栽 2~3月，9月~10月

树皮与木质部都呈白色。将老的树枝沿树干砍除。每年修整树形时，沿根部砍除整体 1/3 左右的新徒长枝。树冠内侧生出的细的干生枝需要砍除，保持通风良好。

腺齿越橘

4	5	6	7	8	9	10	11	12	1	2	3

开花　　　红叶

　　剪枝　　　　　剪枝

杜鹃花科　落叶灌木

树高 1~3m　花色 白　果实色 黑
生长速度 缓慢　日照 向阳~半背阴
移栽 3月下旬~4月上旬，10中旬~11月

叶片在夏末就开始染红。沿根部剪除老的树枝，去除整体 1/3 左右。每隔几年将主干砍除，更换成培养好的干生枝，保持树高。或者选择蘖枝中形态最优美的，培养数年后更新成主干。

垂丝卫矛

4	5	6	7	8	9	10	11	12	1	2	3

开花　　　红叶

　　剪枝　　　　　剪枝

卫矛科　落叶灌木

树高 2~5m　花色 淡绿
果实色 红　生长速度 快
日照 向阳~半背阴
移栽 2~3月，10~11月

叶腋处在夏初会垂下淡绿色的小花。将长势过好的下部树枝沿根部剪除，清理树冠内部混杂的树枝。注意不要让树叶长得过于繁茂，修剪掉整体 1/3 的树枝。树根出生出蘖枝后，将老的主干沿地面根部砍断，更新成蘖枝。

猴楸树

4	5	6	7	8	9	10	11	12	1	2	3

开花　　　红叶　　　开花

　　剪枝　　　　剪枝

樟科　落叶灌木

树高 2~6m　花色 黄　果实色 黑
生长速度 快　日照 向阳~半背阴
移栽 2~3月，10月下旬~11月

白色的树皮，纤细的枝干与三瓣的叶片极具特征。冬季剪枝将长势过好的树枝沿树干砍除。老的主干过上 5~10 年就会忽然急速枯萎，要时刻准备更新主干。每年都挑选形状优美的蘖枝保留，培养好之后就可以用来更换主干。

缤木

4	5	6	7	8	9	10	11	12	1	2	3

开花　　　红叶

　　剪枝　　　　　剪枝

杜鹃花科　落叶灌木

树高 1~3m　花色 白　果实色 茶
生长速度 中等　日照 向阳~半背阴
移栽 2~3月，10~11月

扭曲的树干和树皮上平缓的螺旋状纹理极具特征。干生枝较多，沿树干根部砍除整体 1/3 左右的干生枝。根部多生蘖枝，易呈丛生状。选择姿态优美的蘖枝培养，数年后砍除老的主干，替换成蘖枝。

吊钟花

4	5	6	7	8	9	10	11	12	1	2	3

开花　　　红叶

剪枝　　　　　剪枝

杜鹃花科　落叶灌木

树高 2~3m　花色 白　果实色 茶
生长速度 中等　日照 向阳
移栽 3~4月，10~11月

虽然人工修剪出的形状很时尚，但还是推荐自然的树形。冬季剪枝时将老树枝沿地面根部砍掉。蘖枝较多，呈丛生状，因此推荐砍除整体 1/2 左右的主干，更新成前年或更早生出的蘖枝。将树冠内部混杂的树枝沿根部剪除。

加拿大唐棣

4	5	6	7	8	9	10	11	12	1	2	3

开花　　　红叶　　　开花

　　剪枝　　　　剪枝

蔷薇科　落叶灌木~小乔木

树高 3~10m　花色 白　果实色 红
生长速度 快　日照 向阳
移栽 3月中旬~4月，10月下旬~11月

春季枝头开满楚楚动人的白色花朵。由于细枝较多，树冠内部会有些混杂，将较细的树枝沿根部剪除，去除整体的 1/2 左右。剪枝时要紧贴树干根部剪除。每隔几年进行一次矮化，保持较低的树高。

细梗溲疏

4	5	6	7	8	9	10	11	12	1	2	3
开花						红叶					
剪枝							剪枝				

绣球花科　落叶灌木

树高 约0.5m　**花色** 白
生长速度 缓慢　**日照** 向阳~半背阴
移栽 3~4月，10~11月

夏初时节成片盛开的白色小花令人印象深刻。树根处蘖枝多，呈丛生状，剪除整体的2/5左右。沿地面砍除老的主干，沿根剪除长势过好和与其他树枝混杂在一起的分枝。从蘖枝中挑选形态最优美舒展的留下培养，用来更换主干。

蓝莓

4	5	6	7	8	9	10	11	12	1	2	3
开花						红叶					
剪枝							剪枝				

杜鹃花科　落叶灌木

树高 1.5~3m　**花色** 白　**果实色** 紫
生长速度 快　**日照** 向阳
移栽 3月，9中旬~12月上旬

春季吊钟花一样的可爱小花会盛开成片，夏季的新绿与秋季的红叶也都魅力十足。剪枝时将老的树枝沿地面根部砍除。树根处的蘖枝需要沿根砍除枝干偏细，长势较差的。长势过好的徒长枝也要沿着树干根部剪除。

山粗齿绣球

4	5	6	7	8	9	10	11	12	1	2	3
开花						红叶					
剪枝							剪枝				

绣球花科　落叶灌木

树高 约0.5m　**花色** 白、红、青、紫
果实色 茶　**生长速度** 快
日照 向阳~半背阴
移栽 3~4月，10~11月

原产日本。花期后将老的主干沿地面根部砍除。砍除主干时要确认好已经有几枝一两年就可以成为新主干的蘖枝了。如果没有蘖枝，就先将主干矮化。冬季剪枝将长出的蘖枝修理好，去除枯枝。

少花蜡瓣花

4	5	6	7	8	9	10	11	12	1	2	3
开花						红叶				开花	
剪枝							剪枝				

金缕梅科　落叶灌木

树高 1~3m　**花色** 黄　**果实色** 黑
生长速度 快　**日照** 向阳~半背阴
移栽 3月下旬~4月上旬，10中旬~11月

早春盛开的黄绿色花朵垂挂枝头，具有透明感，显得十分高级。将与主干混杂在一起的蘖枝沿地面根部砍除，清理掉整体1/3左右的树枝。树根处常生蘖枝，保留姿态优美舒展的，其余的沿地面根部砍除。每隔几年，培育出新的主干就更新换代。

金缕梅

4	5	6	7	8	9	10	11	12	1	2	3
						红叶				开花	
剪枝							剪枝				

金缕梅科　落叶小乔木

树高 5~10m　**花色** 黄、橙、红
果实色 茶　**生长速度** 中等
日照 向阳
移栽 2月下旬~3月上旬，10~11月

春季枝头率先开满黄色小花，魅力十足。利用好它侧枝横生的特点，修整树形。将长势过好的横生徒长枝沿树干根部砍除，去除整体1/3左右的树枝。选择较好的干生枝保留，每隔几年进行一次矮化。

日本四照花

4	5	6	7	8	9	10	11	12	1	2	3
开花						红叶					
剪枝				剪枝						剪枝	

山茱萸科　落叶乔木

树高 5~10m　**花色** 白、桃
果实色 红　**生长速度** 中等
日照 向阳　**移栽** 3月下旬~4月上旬，10月中旬~11月

白色花朵在夏初时节如积雪落在枝头，极具人气。每年1月中旬至3月中旬可以剪除不需要的树枝。生长速度较快，因此在六七月或9月中旬至10月中旬需要进行第二次剪枝。横向生长的徒长枝较多，沿根部砍除整体2/5左右的树枝。

白鹃梅

4	5	6	7	8	9	10	11	12	1	2	3
开花				红叶							
	剪枝						剪枝				

蔷薇科　落叶灌木

树高 2~4m　花色 白
生长速度 中等　日照 向阳
移栽 2月下旬~3月，10月下旬~11月

春季抽芽时，开满枝头的白花尽显奢华。放任不管的话可以生长到 4m 左右，因此每年需要剪除 1/2 左右的树枝，将树高控制在 2m 左右。清理下部树枝，让树形更清爽。沿树干根部剪除树冠内的徒长枝。

髭脉桤叶树

4	5	6	7	8	9	10	11	12	1	2	3
		开花			红叶						
	剪枝						剪枝				

山柳科　落叶乔木

树高 3~15m　花色 白　果实色 茶
生长速度 中等　日照 向阳~半背阴
移栽 3月

夏季盛开的穗状花朵，远观也十分惹眼。生长速度平稳，自然的树形就十分规整，因此只需要将长势过盛的干生枝砍除即可。每年去除 1/3 左右的树枝。不要修剪树梢，一定要从根部砍除。

红松

4	5	6	7	8	9	10	11	12	1	2	3
	开花										
	剪枝						剪枝				

松科　常绿乔木

树高 30~35m　花色 红、黄
果实色 茶　生长速度 快
日照 向阳　移栽 2~3月，5~6月
（寒冷地区）

红色的树干十分优美，是杂木庭院不可或缺的针叶树。要保持枝干柔美的形态，就不要"掐尖"，而是砍除老的树枝，时常更新新枝。将较大的分枝砍除，去除整体 1/3 左右的树枝。保留干生枝，准备第二年之后更新。

含笑花

4	5	6	7	8	9	10	11	12	1	2	3
	开花										
	剪枝		剪枝								

木兰科　常绿小乔木

树高 2~5m　花色 黄　果实色 茶
生长速度 缓慢　日照 向阳~半背阴
移栽 7~9月

树高较矮，因此也很适合面积较小的庭院种植。别名"唐招灵"。徒长枝较少，生长速度缓慢。花期后将树干下部生出的树枝沿根砍除，去掉多余的侧枝即可。注意保持良好的通风环境。去除整体 1/4~1/3 的树枝。

马醉木

4	5	6	7	8	9	10	11	12	1	2	3
开花											开花
	剪枝				剪枝						

杜鹃花科　常绿灌木

树高 1.5~2.5m　花色 白、桃、红
生长速度 缓慢　日照 向阳~半背阴
移栽 3~6月，9~12月

春季枝头会垂下壶状的小花。无须刻意打理也能保持规整的树形。只是如果不打理，树枝间隙会渐渐消失，仿佛凝固了一般。每年剪除整体 2/5 左右的树枝，更新成新枝。老的树枝开花效果也会逐渐变差，应每隔几年就沿根部砍除一次主干，进行矮化。

日本花柏

4	5	6	7	8	9	10	11	12	1	2	3
开花											
剪枝		剪枝			剪枝						剪枝

柏科　常绿乔木

树高 30~40m　花色 茶　果实色 茶
生长速度 快　日照 向阳
移栽 3~4月

生长速度快，适合做落叶树的背景。长势不会过盛，通过剪枝就能轻松控制。春季剪枝时将树冠内部杂乱的树枝沿根砍除，去除 2/5 左右。树干长高后，矮化主干控制高度。夏初沿根砍除乱枝，进行疏枝。

杜鹃花

4	5	6	7	8	9	10	11	12	1	2	3

开花

剪枝 　　　　剪枝 　　剪枝

杜鹃花科　常绿灌木

树高	2~3m	花色	白、桃
果实色	茶	生长速度	缓慢
日照	半背阴~背阴		
移栽	3~4月上旬，10~11月		

可以为朴素的杂木庭院增添华丽色彩。主要剪枝在3~4月。生长速度缓慢，剪枝只需沿根去除杂乱的树枝和老树枝即可。去除的数量在整体1/3左右。花芽冬季就已经冒出了，因此要注意不要剪断枝头。

山桂花

4	5	6	7	8	9	10	11	12	1	2	3

开花

剪枝 　　剪枝 　　　　　剪枝

山矾科　常绿小乔木

树高	5~10m	花色	白
果实色	黑紫色	生长速度	缓慢
日照	半背阴~背阴		
移栽	7~9月		

枝叶焚烧后的灰烬可以用于染色。剪枝时将逸出树冠的树枝沿根砍除，去除整体的2/5左右。树枝过于杂乱将有损枝叶清爽的魅力，因此要将杂乱的树枝沿树干根部砍除。

日本柳杉

4	5	6	7	8	9	10	11	12	1	2	3

开花 　　　　　　红叶

剪枝 　　　　　　剪枝 　　剪枝

杉科　常绿乔木

树高	30~50m	花色	茶	果实色	茶
生长速度	快	日照	向阳~半背阴		
移栽	3月下旬~4月上旬，10月中旬~11月				

沿根砍除树冠内部杂乱的树枝，每年去除1/2左右。作为庭院的主题树时，要将下部树枝清理得干净一些。如果树高过高了，就在低处的与主干平行生长的干生枝与主干的交接处砍除主干，从而控制树高。

冬青

4	5	6	7	8	9	10	11	12	1	2	3

开花

剪枝 　　剪枝 　　　　　　剪枝

冬青科　常绿小乔木

树高	3~7m	花色	白	果实色	红
生长速度	缓慢	日照	向阳~半背阴		
移栽	6~7月				

叶片微薄，泛着革质光泽，在常绿树中，枝干算是非常纤细的。利用好丛生状的树形，将杂乱的树枝与徒长枝沿根部砍除，去除2/5左右。如果长得过高，由于干生枝较多，可以在低处长出的蘖枝上方剪除。

柃木

4	5	6	7	8	9	10	11	12	1	2	3

开花

　　　剪枝 　　　　　　剪枝

五列木科（山茶科）常绿小乔木

树高	4~10m	花色	白	果实色	黑
生长速度	中等~略缓慢	日照	半背阴		
移栽	3月下旬~7月，9~12月				

春季枝头会结满白色小花，秋季结黑色的果实。剪枝时将老的粗壮枝干沿地面根部砍除，更换新枝，控制整体高度。沿根砍除徒长枝，去除整体的2/5左右。柃木生命力强，抽芽多，比较易打理。

箭竹

4	5	6	7	8	9	10	11	12	1	2	3

开花 　　　　　　红叶

　　剪枝 　　　　　　剪枝

禾本科　常绿竹

树高	3~5m	花色	绿	果实色	快
生长速度	快	日照	向阳~半背阴		
移栽	3~4月				

箭竹适合做箭，因此得名。冬季将老的竹竿沿地面根部砍除，去除1/3左右，更换成春季长出的新竹。保留下来的竹竿上生出茂密的竹叶，去除1/3左右。如果置之不理，会生长得过于高大。

图书在版编目（CIP）数据

第一次打造花园就成功：杂木庭院设计全书 /（日）平井孝幸监修；李卉译. —北京：中国轻工业出版社，2024.7
ISBN 978-7-5184-2400-9

Ⅰ.① 第… Ⅱ.① 平… ② 李… Ⅲ.① 庭院－园林设计 Ⅳ.① TU986.2

中国版本图书馆 CIP 数据核字（2019）第 042979 号

责任编辑：杨　迪　　　责任终审：劳国强
整体设计：锋尚设计　　责任校对：李　靖　　责任监印：张京华

出版发行：中国轻工业出版社（北京鲁谷东街5号，邮编：100040）
印　　刷：北京博海升彩色印刷有限公司
经　　销：各地新华书店
版　　次：2024年7月第1版第4次印刷
开　　本：710×1000　1/16　印张：9
字　　数：200 千字
书　　号：ISBN 978-7-5184-2400-9　定价：58.00元
邮购电话：010-85119873
发行电话：10-85119832　010-85119912
网　　址：http://www.chlip.com.cn
Email：club@chlip.com.cn
版权所有　侵权必究
如发现图书残缺请与我社邮购联系调换
241104S5C104ZYQ